Venetia's Gardening Diary

芳療香草
慢生活

NHK人氣節目、英國香草專家
維妮西雅的香草庭院日記

The Old Pump for Rain water.

維妮西雅·史坦利·史密斯 Venetia Stanley-Smith ◎著

梶山正◎攝影　　方冠婷◎譯

目錄

★內文以綠色底線標示運用香草紓緩身心的方法。

上）一整年的園藝筆記，將每週整理庭園的工作仔細記下來。
右）將植物的球根處理後保存起來，為隔年預作準備。

香草庭院的夢想

Daurian Redstart
黃尾鴝

「世界上充滿了美麗的事物，好好去感受吧！
看看那忙碌飛舞的蜜蜂，
那些稚嫩的孩童，以及他們天真的笑靨。
嗅聞下雨的氣味、張開手感受微風吹拂，
讓人生充滿各種可能性，
而且，絕對不要放棄夢想。」

——普仁羅華

Life is full of beauty, notice it.
Notice the bumblebee,
the small child and the smiling faces.
Smell the rain and feel the wind.
Live your life to the fullest potential
and never give up your dream.

——Prem Rawat

對我來說，能夠在京都大原打造一座鄉村庭園，是實現了童年的夢想。我小時候曾經住過一間鄉村的老房子，很羨慕能在茅草小屋生活的人。童年老房子的白牆上，爬滿了玫瑰及鐵線蓮；小小的花壇裡有毛地黃、薰衣草、雛菊。屋子周圍還種有每天生活所需的香草及各種蔬菜。

我現在居住的大原古民宅中，做飯做到一半可以直接走到庭院裡，摘點迷迭香或百里香烹煮肉類料理，煮魚的時候就摘點茴香、檸檬百里香。做沙拉時就摘點芝麻菜、羅勒或紫蘇。還可以運用庭院裡的各式香草，製作每天生活用品。例如洗髮精、清潔劑、保養品、藥品、香草茶、染劑、掃除或洗衣用的除味香醋、肥皂等，我非常享受這樣的生活。

人類從很早以前，就發現各種植物隱藏的療癒功效，然而隨著社會工業化，人們轉而追求物質上的幸福，許多香草知識漸漸被遺忘了。幸好近來愈來愈多人像我一樣，重新發現香草的好處，並且利用香草製作各種家事或美容的生活用品。香草預防和紓緩感冒、咳嗽等一般疾病的傳統療法，也開始廣泛流傳。使用香草植物紓緩症狀，或許無法像藥物那樣立即見效，但因為是遵循自然的原理，可以減輕對身體的負擔。

如果透過本書，能讓愈來愈多人學會運用香草的方法，做出樸實的美味料理、簡易的天然藥品、清潔或美容用品，能夠對香草栽種和運用有所收穫的話，我將感到萬分榮幸。

本書介紹的香草，除了少數幾種之外，我在自己的大原庭院中皆有種植。各種香草栽種技巧以及園藝祕訣，都是由我長年記錄的園藝筆記中擷取的精華。有些來自朋友的建議，或是在園藝書中讀到的知識，有些則是我自己的親身經驗。

有香草為伴的日常生活裡，每個人都會獲得很大的幫助。每當我踏入庭院，大自然的寂靜就會像太陽一般，和煦地撫慰全身，溫暖我的內心。生活在大自然之中的美國原住民有一句古老的諺語：「遠離自然會使心靈固化」，我對此深有同感。所有的植物都是人類的夥伴，不斷向我們訴說大自然的奧祕。試著側耳傾聽吧，你一定能聽到它們的輕聲訴說。

心中的庭院

Wisteria Spring
春天的紫藤

隨著年紀增長，我深刻感受到我們活著的每個瞬間，都是一份最棒的禮物。呼吸象徵生命的脈動，而生命是我們手中能夠掌握最美麗的事物。

相信每個人小時候都會對生命有許多疑惑，很多人會透過閱讀、傾聽其他人的想法來尋找答案，但仍然無法滿足。「真正的幸福到底是什麼？」這個問題的答案，我在十九歲時找到了。一位朋友告訴我，只要內心深處有一個心中的庭院，就能解答很多事。

我六歲時與當時二十六歲的母親和准男爵塔德利・坎利夫＝歐文，一起搬到海峽群島的澤西島。這是母親的第三段婚姻，她終於找到了幸福。母親和繼父在澤西島的東側買下一處附有農場的古宅，花了兩年的時間改建，打造成一座農園。

我就讀於島上唯一一間私立女子學校。在夏日艷陽不再炙烈、沒有風的初秋午後，我放學後經常與弟弟查爾斯一起去看庭院改建的進度。看著花朵在庭院裡的花壇不斷茁壯長大，是一件很開心的事。母親空閒時，都會在庭院裡工作。那天母親正在整理前院，沿著車道小徑種植玫瑰。她想專心整理花園，不希望我們在一旁打擾，於是我們去找塔德利伯父。伯父站正在木梯上將屋子外牆漆成白色，他看到我們來了，微笑向我們揮手。伯父只要有時間，總會很熱情地陪我們玩耍，但那天他剛好在忙，我們便自己到後院去，餵雞吃飼料、找找雞蛋，然後去看小豬們。那時我們就是過著這樣幸福的日子。

現在回想起來，小時候照顧花草動物的時光，真的很幸福。我們每天就是玩土、幫忙播種、除草。這些經驗都深深內化融入我的身心，每當我赤手撫摸泥土，心靈就會感到沉靜。我可以冷靜地徒手抓起又大又肥的蚯蚓，自然而然就知道如何翻堆製作堆肥。

六年之後，由於母親再婚，我們又搬到新家生活。新的繼父喬・羅伯特不喜歡孩子進入農場，他專門栽種出口用的澤西馬鈴薯與花椰菜，田地是孩子的禁區。我們兄弟姊妹四人一下子無法適應新家，但為了採集母親要用的蔬菜，我們可以進出一個被維多利亞式圍牆圍起的菜園。此時居住的房屋，是一幢有四百年歷史的莊園別墅，腹地內有寬闊的草原，裡面有

一條路可以直接通往海邊，我們有時候就帶著便當到附近一處叫拉庫普（La Coupe）的美麗海灣野餐。莊園還有一條滿是岩石的小徑，走到盡頭會到達另一處海灣，能看到飛翔的海鷗及拍打在岩石上的浪花。

我小時候非常喜歡種花。當母親用花朵裝飾玄關及餐桌時，我總是在一旁觀察。母親會與園丁討論花壇上要新種的花朵配色，並且花時間尋找隔年要栽種的種子。對母親來說，園藝工作可以讓她忘記所有煩惱，讓她在花花草草的世界裡放鬆一下。

母親並不是一個充滿溫柔愛心的人，雖然她非常有活力，總是為我們的生活帶來刺激與歡樂。十六歲的時候，我開始思考「真正的幸福到底是什麼？」雖然我的母親努力享受生活，但因為要照顧很多孩子，她總是過得很忙碌，經常情緒不穩定顯露疲態，那時我就會想「她真的幸福嗎？」

我的心情也常常搖擺不定、感到不安，並且對身邊發生的事感到困惑。我曾經試著閱讀禪宗、瑜伽、佛教等相關書籍，雖然大腦可以理解這些概念，但內心卻始終無法獲得真正的平靜。

有一天，我與詩人朋友查理斯見面，他建議我何不離開英國，到印度去旅行。於是我啟程到世界的另一端，途中經過許多國家，終於抵達遙遠的印度。在那裡，我遇到一位年僅十二歲，名叫普仁羅華（Prem Rawat）的年輕賢者。在此之前我不斷追尋人生的意義，而他告訴我，答案其實就在自己的內心深處，在每個人的一屏一息當中。他讓我發現，我們每天都必須調整自己的內在，才能有所成長。在我心中，他的話就像是道出了人生的真理。

我不想返回英國，而內心不知為何被日本吸引。年輕的賢者告訴我，每個人頭上其實都吹著一股幸運的風。只要心中充滿愛，那就能成為風帆，只需放心乘風飛翔即可。於是，我就這樣在身無分文的情況下，朝著下一個夢想之地出發，身上只有滿滿的信心與寬心。

果然，我所到之處都得到人們親切的接待。在日本的十二天旅程裡，每天都能感覺受到上天眷顧。有時候閉上雙眼，靜靜等待幸運之風吹起，就會有奇蹟般的幸福翩然而至。

本書介紹的大原六個小庭院，都是以我曾經住過的地方為主題所設計。我從園藝工作中學習到，庭院不只可以培育植物，還能養育人的內心。

大自然透過不同的季節，與我們分享人生的智慧。春天的庭院傳達著希望與再生的訊息，夏天則是充滿幸福和活力。盛開的花朵告訴人們，不管有多煩惱，也要多看看人生美妙的部分；即使苦難再多，心都還是能夠發光閃耀。花朵用她熱情的姿態，時刻提醒人們這件重要的事。另一方面，秋天是深思的時期，庭院教導我們謙虛。冬天則是休息的時間，庭院告訴我們學會忍耐，「靜心等待，北風總有轉南時」。

心中的庭院，就存在我們的內心深處。如果能夠建造自己內在的庭院，人就會像香草一樣，感覺自己擁有為他人貢獻的力量。只要能察覺這點，我想人生就會變得幸福。

我閉上眼睛，專注於自己的呼吸。慢慢地開始能聽到各種植物的脈動，進入自己心中的庭院。

什麼是奇蹟呢？對我來說就是每天早上睜開雙眼，並且好好呼吸。只要你的心中有一座庭院，終有一天會找到幸福。

{庭院}

很久以前，人類和地球的連結十分密切。
我們可以感受到與所有生物，在靈魂的深處彼此緊緊相連。

可是近來我感覺到，人漸漸遺失與大自然的連結，
使得愈來愈多人在內心深處懷抱悲傷。

在每天的日常生活中，如果我們能夠靜下心來，好好觀察周遭的植物，
感受它們的美麗，相信心中就能充滿喜悅。

庭院能為我們帶來單純的喜悅，
守護它們不被生活的壓力擊倒。

庭院裡的陽光能夠溫暖我們，
暴風雨可以帶給我們力量，
風則能幫忙把煩心的事吹走，
而園藝工作可以讓我們的心沉靜下來。

{鄉村之心}

當太陽開始西斜，
午後的陽光將大地染成一片金黃。
望著大原鄉村日落的美景，我的內心總是萬分感謝。

由於數百年前的工業革命，許多人開始到都市求職，
在礦場或工廠裡工作。

一些畫家察覺這種轉變，
開始描繪農家古樸的建築物以及鄉村的美麗風光一解鄉愁。
他們想向人們發出警訊，
田園的美麗風景與古樸單純的生活將快速消失。

最近有愈來愈多人開始醒悟，或許我們應該像以前一樣，在自然景致中生活。
因為森林及田野的綠意能療癒人的心靈。

而質樸的古宅也逐漸變成一種步調緩慢，象徵健康生活的表徵。

「仔細傾聽內心的聲音，你就能找到專屬於自己的寶藏。」
　　　——保羅‧科爾賀（Paulo Coelho，巴西作家*）

Comfrey
康復力

*編註：《牧羊少年奇幻之旅》作者。

The Garden

Once upon a time long ago, people experienced a deep affinity with the earth. They felt a deep connection with the soul of all living things around them.

Recently I feel that the loss of this kind of engagement with nature is creating, for many of us, a sadness deep within our heart.

As we live each day, if we can take the time to look at the exquisite beauty of all the plants growing around us, this beauty will fill us with joy.

The simple joys that nature gives us in our gardens become our refuge from the pressures of each day.

The sun in the garden warms us, the storms give us energy and the winds blow away our worries and cares, and our heart becomes still.

The Heart of the Countryside

The sun was beginning to get low and the golden light of the afternoon was on the land as we went down the hill. The day was drawing to its end and the beauty of the valley filled me with gratitude.

The arrival of the industrial revolution, many years ago, drew many people to the cities, to find work in the mines, mills and factories.

Some concerned artists began to paint beautiful landscapes of the countryside with its nostalgic farmhouses and old rustic buildings. For they wanted to warn and remind people how rapidly the countryside and the old way of life were disappearing.

Recently people in this century are beginning to realize that we need to live in a landscape that is timeless, for the green of the forests and fields are a balm for the spirit.

The humble farmhouse is now becoming a symbol of a healthier and slower pace of life.

"Wherever your heart is, there you will find your treasure."
(Paolo Coehlo)

Marsh Marigold.
沼澤金盞花

剛搬家時屋子與庭院的情況。

大原・古民宅的庭院設計

一九九六年我們買下大原的房子，庭院裡面雜草叢生，後院堆滿了廢鐵及各種工具。幸運的是，庭院裡植有楓、松、梅、山茶等八棵美麗的樹木。可惜他們都已經長得太大、難以移植，所以我們設計庭院的時候，只能在這些樹的周圍搭配打造適合的花壇，就這樣慢慢讓庭院的設計固定下來。

我在庭院裡打造了幾個大自然的縮影。例如像森林擁有山脈紋理的高聳「花園之牆」；栽種故鄉花朵的英國風「鄉村花園」；以及會令人想起夏季地中海的庭院，後來發展成一個以天空及海洋藍色為主題的西班牙內院。此處原本種了一些忍冬作為拱形入口，想設計成兩個獨立的空間，但最後演變成以菱格屏風分隔的「西班牙花園」與「美酒花園」。夏季盛開的凌霄以及鐵線蓮的白色花朵自然形成牆壁，將兩個庭院分隔開來。

在天空與太陽的自然光照明下，每個庭院在不同季節時，就像是一個一個美好的房間。每個庭院都有能落腳坐下的地方，可以在戶外看書、學習，或進行各種香草加工作業，收集種子、將乾燥的香草裝瓶，或是修繕物品，將樹莓果醬裝瓶、清洗瓶子等。

不管哪一個房間，都是能讓心靈變柔軟的小小世界。只要靜下心來側耳傾聽，就能聽到蜜蜂拍翅的聲音、小動物的腳步聲、風吹拂樹木的聲音，以及雨蛙的鳴叫歌唱。靜下心來仔細觀察，你會看到蜻蜓從庭院往田裡飛去，蝴蝶在花叢間忙碌飛舞、採集花蜜。每一個庭院，都像是時間停止流動、寂靜的小小世界。

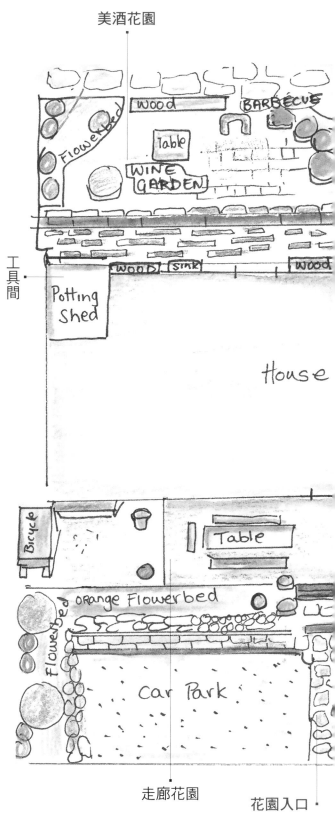

美酒花園

工具間

走廊花園

花園入口

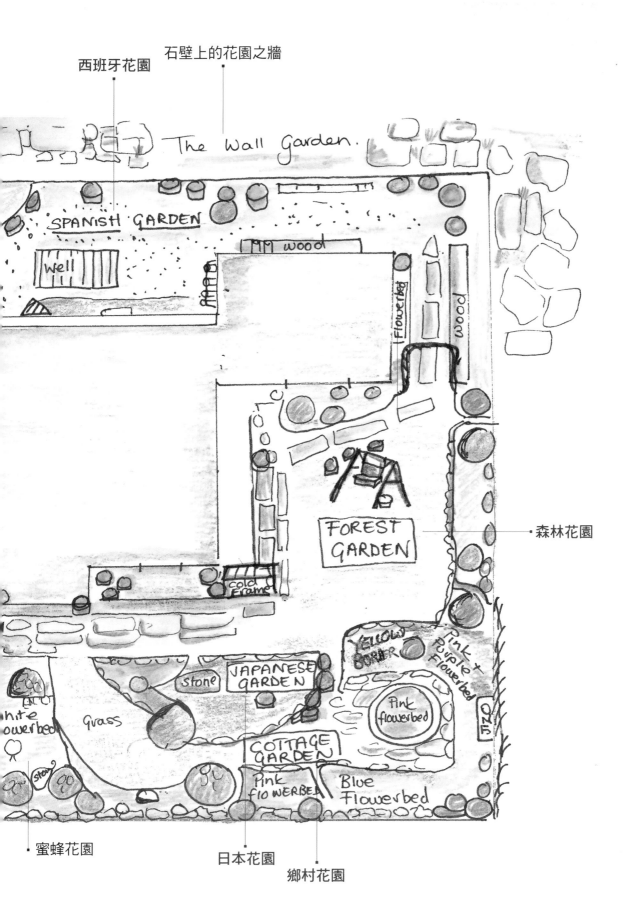

西班牙花園　石壁上的花園之牆

The Wall Garden.

SPANISH GARDEN

Well

MM wood

Flowerbed

wood

森林花園

FOREST GARDEN

cold Frame

YELLOW BORDER

Pink + Purple Flowerbed

Pink flowerbed

white flowerbed

Grass

stone

stone

JAPANESE GARDEN

COTTAGE GARDEN

Pink flowerbed

Blue Flowerbed

蜜蜂花園　日本花園　鄉村花園

西班牙花園
Spanish Garden

一開始設計庭院時，我希望從家裡不同的窗戶往外看，都能看到不一樣的景觀。從孩子遊戲房能看到的西班牙庭院，是充滿明亮快樂的空間。我四歲的時候，全家搬到西班牙的巴塞隆納，在一個有白色牆壁的莊園住了一年，它就位於濱臨地中海的高崖上。那個家的庭院裡開滿紅、橘、黃等鮮豔的花朵，有許多西班牙手繪花盆作為擺飾。現在這個庭院便是想重現我童年的回憶，在庭院中央的水井上，以藍白色舊瓷器打造馬賽克裝飾。坐在屋子的簷廊，一邊眺望庭院一邊摺衣服，是我每天的悠閒時光。

此處只有早上十一點到下午三點有日照，我經常移動盆栽讓它們做日光浴。高高的石牆守護植物免受周邊山風的侵襲。但到了冬天就必須把大部分盆栽移往室內，換上隔年春天會開出紅色及黃色鬱金香的盆栽。

我們從清掃前任屋主的廢棄物開始，第三年好不容易才開始打造庭院。

美酒花園
Wine Garden

因為一直無法決定主題，這是最後一個完成的庭院。為了梅雨季節能夠加速排水，丈夫正在石磚下鋪設好幾根排水管。運用從室內拆除的爐灶磚塊，做出庭院中的露天座位區。也打造了一個 BBQ 烤台，夏天可以在這裡品嚐美酒。這是某天我在這裡種植紅、白、酒紅色的花卉時，腦海中靈光乍現想到的。

我的丈夫正在鋪設庭院地面。

森林花園
Forest Garden

這裡有許多樹木、櫻樹、梅樹、桑樹、柚子、枇杷，還有三棵楓樹。我在這個家的北側楓樹下，種植玉簪、蝴蝶花、聖誕玫瑰等，在陰影下也能順利生長的植物。紫色鐵線蓮攀爬在木製的搖椅上，花壇周圍則種植日本薄荷。早春的時候，黃水仙、香菫菜、番紅花會自地表探出頭來，迎接春天到來。夏天到這個庭院坐一下，會感到神清氣爽。在這個有樹蔭的庭院進行園藝工作，最是清涼舒爽。

當時只有二歲的兒子悠仁在幫忙搬石頭。

日本花園中種植日本原生矮木。

鄉村花園
Cottage Garden

有一天我在除草的時候，發現北側的角落有幾尊地藏菩薩。為了表示敬意，我在祂們周圍打造一個圓形的花壇，種植一些英國庭院裡常見、高度較高的花卉，以及日本秋季的野草。如此一來，春天時會開出英國美麗的花朵，秋天則能夠享受我最喜歡的秋之七草*，這個庭院就如同兩個國家和平共處的象徵。

日本花園
Japanese Garden

在這個家裡，皋月、杜鵑一類的矮木都生長得太過龐大。因此我們拔除大部分矮木類，改種一些符合日本茶道氛圍的花卉，並騰出種植香草的空間。像茶室的壁龕一樣，將庭院正中央留白，隨著季節不同用盆栽種植各種花卉，如同茶室裡的插花擺設。

*編註：「秋之七草」見於日本文學說法，指的是萩（胡枝子）、葛花、撫子花（石竹）、尾花（芒草）、女郎花（黃花龍芽草）、藤袴（澤蘭）、桔梗。

我一邊挖土，一邊打造鄉村花園美夢。

照片中的這一天，我們搬進了這個家。

花園入口（走廊花園＆蜜蜂花園）
Garden Entrance (Porch Garden & Bee Garden)

由於需要停車空間，我們最先著手整理的就是這裡。夏天時玄關前的走廊就是我家的餐廳，為了遮蔭與確保隱私，我種了一些啤酒花與紫藤。走廊前的花台，則種了一些會開出橘色及紫色花朵的香草。位於入口右手邊的蜜蜂花園朝向南邊，日照非常充足，因此我種了一些銀斑百里香及歐夏至草等銀色葉片植物。

January
1月

被雪覆蓋的庭院，看起來就像是睡著一般

1月

休息與恢復的時間

Japanese
Sorrel.

日本酸模

「在最深寂的寒冬裡，我終於發現，
我的內心藏著一個無法摧毀的夏天。」

——卡繆（1913-1960）

In the depth of winter,
I finally learned that within me
there lay an invincible summer.

——Albert Camus (1913-1960)

庭院不只能培育植物，還能使人學習理解、感受大自然魔法般的力量。庭院可以讓人感到安定，在這裡所有煩心的事都能消失無蹤。對我來說，園藝已經超越了興趣，成為我的生存方式。我經常埋首於庭院工作忘記時間流逝，靜心傾聽花草樹木對我的低語。在照顧花草過程中所領悟的道理，使人在精神及情感層面都獲得成長。只要思考一下，多用點心思、多一些耐心，並且借助大自然偉大的力量，就能創造出專屬自己的小小天堂。庭院可說是一個最接近神的地方。

一月份，是大原庭院休眠的時期。英語的「January」源自羅馬神祇雅努斯（Janus），祂擁有兩張相反方向的臉孔，一張臉望向過去，另一張臉則朝向未來，望向新的一年。

在寒冷的冬季裡，一月早晨總是飄著霧，天色昏暗。我習慣很早爬出被窩，隔著窗戶觀賞戶外下雪的景色。或是坐下來看著雪花在天空中飛舞，閃閃發亮降落在庭院。

我會套上藍染的日式短掛，穿著毛襪走下階梯、打開窗簾。然後披著厚厚的羊毛披肩，到戶外去看溫度計。外面的溫度是零下三度。我一邊發抖一邊往廚房走去，牙齒喀喀作響。把水壺放在爐火上，想做一杯加了薑的印度奶茶。等水燒開的期間，順手把昨晚洗好風乾的碗盤收到櫃子裡。外子和兒子悠仁都還在二樓熟睡。看一眼廚房的老時鐘，就快要五點了。除了時鐘的聲音，四周一片寂靜。

紅茶泡好以後，我往和室的房間移動。打

開房間正中央的被爐，一邊啜飲著紅茶，一邊等待被爐變暖。在茶色燈芯絨的被毯下，我的手腳也慢慢溫暖起來。

外面天色仍暗，我閉上眼睛開始冥想。這是我每天早晨調整心靈的儀式，每一次呼吸，我都可以真切感受到，存在於自己體內那份實實在在的安穩感，也就是我心中的庭院。

天空慢慢泛白，變成溫和的灰白色。我睜開雙眼，看著窗外安靜落下的雪慢慢堆積。冬季美景隔著古老的木框大片窗戶，將我包圍。看著在冷風中搖曳的草木，陽光漸漸從東邊的群山之間露出，開始懶洋洋地照射一月的大原鄉村。

在太陽露臉的日子裡，我會到鄉間小路散步。家事做完之後，把自己包得暖暖的，帶著小竹簍跟剪刀出門，沿著稻子收割後的田埂向北走。田埂是富含維生素 A、B、C 的香草及野草寶庫，一月野草的根相當軟嫩，品嚐滋味甚好，水芹、繁縷、薺菜等都可以直接做成沙拉吃。鼠麴草、苦苣菜則可以做成天婦羅也很美味。我慢慢走，尋找剛冒出頭、靜靜躲在草叢中的美味野草，一發現就將它們剪下放進竹簍帶回家。

生長在草原及山上的野草營養成分很高，甚至可以當作藥草使用。春天的時候吃七草*就能有深切感受。七草對腸胃很好，可以穩定不安的情緒。古人想要撫平心中的不安與焦躁，就會採摘薺菜食用。白蘿蔔的維生素 C 及礦物質含量也很豐富，有安定神經的功效。

七草粥是一種祈願一整年無災無病的日本新年料理，可以消除腸胃疲勞、恢復活力。原本是平安時代醍醐天皇（八八五～九三〇年）開始的皇室習慣，到了十八世紀江戶時代中期，已經廣泛流傳於民間。正月七號用七種野草加七杯水煮粥，感覺就是一道會帶來幸運的料理。我回家以後，馬上把剛才在路邊及草原上採集到的野菜做成粥。

天氣太冷無法外出的日子，我會在家裡讀書、寫日記。有時會坐在暖爐邊，或窩在被爐裡畫花。寒冷的季節，是我可以盡情從事室內活動的歡樂時光。

幾個小時以後，稍微休息一下伸伸腿，陽光突然從走廊上斜射入屋內。我為了感受溫暖的陽光，走到窗邊仰望天空。冬日的天空，有時灰濛濛一片，但也會有陽光穿過雲縫照射庭院的日子。陽光照射的瞬間，庭院裡閃耀著光芒。樹木的葉子落盡，露出粗糙的外皮，植物的花朵也都枯萎徒留光禿禿的莖。它們都在耐心等待、蓄積能量。冬天的喜悅是休息與恢復。

*編註：早春的七草為芹菜、薺菜、鼠鞠草、鵝腸菜、寶蓋草、石龍芮和白蘿蔔，因地區不同略有差異。

{溫暖的被爐}

這個週末只有我一個人在家。
我躲進溫暖的被爐裡，一邊讀書、一邊眺望冬眠中的庭院。

坐在這裡，透過有老舊木框的大片窗戶，美麗的大自然風景映入眼簾。
可以看到草木在寒風中搖曳，或沐浴在驟雨中的樣子。
太陽偶爾會害羞地在雲間窺探。
當陽光灑落的瞬間，庭院美麗地閃耀著。

我可以感受到葉片落盡的光禿禿樹木們，以及花朵凋零僅剩莖枝的眾多植物，
正在安靜地儲備能量，耐心等待春天嫩芽迸發的時刻。

冬季的喜悅是休息與恢復。

{月暈}

霧色濃重的寒冬向晚，早開的菫花在冷風中搖曳。
梅樹飄來花朵若有似無的香氣。
我蹲下來取走覆蓋香菫菜的落葉，讓陽光幫助它開花。

冬天傍晚，有時可以看到月亮帶著一圈若有似無的環。
厚重雲層中旋轉飛舞的冰晶閃耀著各式各樣的顏色，
告訴人們即將要下雪。
月暈，是下雪的前兆。

萬兩／硃砂根

Manryo

{冬之花}

昨晚一定下了場暴風雪。
早上一覺醒來，大地雪白無垠，雪花片片飛舞。
這是今年大原冬天的第一場大雪，萬物都變成一片銀白閃閃發光。
在這樣的日子裡，南天和萬兩的紅色果實看來就像美麗的「冬之花」。

我用衣物把自己包得密密實實的，走到庭院去。
今天早上的寒氣讓鳥兒都躲了起來，四周只有一片寂靜。

我的心中充滿平靜與滿足。

The Warm Kotatsu

This weekend I have the house all to myself. I read and study, sitting in the warm kotatsu, while I watch the garden sleep.

Sitting there, I can see the beauty of the natural elements outside from the long old wooden windows around me. I watch the trees and the plants swaying in the cold winds and being battered by the sudden showers of rain. The sun occasionally appears coyly through the clouds.

In these short moments of sunlight, there is a wonderful beauty in the garden. I can feel that the gnarled bare trees and the withered flower stems are gathering their energy and waiting patiently for their reincarnation in spring.

Rest and renewal are the joys of winter.

Ring Around the Moon

On a misty and cold late afternoon, an early violet trembled in the chilly wind. I caught a faint whiff of its fragrance coming from under the Japanese apricot tree. I bent down and removed a covering leaf so the light would help the flower to bloom.

Occasionally on a winter's evening, a pale ring or halo around the moon is wonderful to see. Icy crystals turning and swirling in the thickening cloud create these colours to let us know that snow may fall . . . A ring around the moon, snow soon.

Nanten
南天

Winter Flowers

There must have been a heavy snowstorm in the night. I woke up and looked out on a white wintry world of whirling snowflakes. This is the first heavy snow we have had this winter in Ohara. On a day like this, when everything changes to a glittering white, the red berries of the nanten and holly trees become beautiful "winter flowers."

I wrap up well to keep the cold away and step into my garden. The cold has silenced the birds this morning and everything is quiet.

A feeling of peace and contentment fills my heart.

在暖爐前思考要如何打造庭院是我的快樂時光。
庭院冬眠期間，我手繪的冬之花。

Camellia sasanqua

Bay Leaf

月桂樹 ★ 力量強大的香草

在凍僵的寒冷早晨裡，雲間灑落的陽光照射在終年常綠的月桂樹上。

在古希臘時代，月桂樹用來獻祭給阿波羅——象徵醫治、光明與真實的神。傳說月桂樹可以驅除惡靈，因此也經常種在家門口或玄關。競技場上優勝的運動選手，以及傑出的學者及詩人，也會授予月桂冠，讚揚他們的榮耀。在古羅馬，到了被稱為「卡倫茲（Kalends）」的新年祭典時，人們會將月桂樹的葉子裝飾在玄關上，用以驅魔及避雷。

月桂葉在陰暗的地方風乾後，色澤和刺激性的氣味還是能保存下來。我常在料理中加入月桂葉，像是咖哩、濃湯等需要長時間燉煮的菜品，或是加入醃漬食物中。將牛奶煮沸後加入蜂蜜，泡月桂葉飲用，可以緩和偏頭痛、高血糖、胃潰瘍。夏天將月桂樹連枝帶葉放入裝米或麵粉的容器，可以驅避米蟲。肌肉痠痛的時候，泡澡時在熱水裡放一些月桂葉，能紓緩疼痛，讓心情和肌肉放鬆，幫助睡眠。

月桂樹的花語是力量強大的香草。我也期許自己能像月桂樹一樣，即使風吹也堅強不動如山。

● **栽種訣竅**

挑選一個日照良好、少風的地點，種在肥沃且排水良好的土壤中，月桂樹就能順利生長。夏天可以進行修枝及扦插，增加枝條數量，於年中時收穫。秋天可以剪去枯萎的枝幹，恢復樹形。

傳統英式燉牛肉

*Traditional English Beef Stew
with Bay Leaf and Thyme*

這是以前在英國寄宿學校生活時，我非常喜歡的料理。健力士黑啤酒（Guinness）讓當時年幼的我們享受到微醺的氣氛。建議搭配法國麵包或汆燙馬鈴薯一起食用。

材料（4 人份）
牛肉（切 3cm 塊狀）……500g
麵粉……1/2 杯
橄欖油……3 大匙
洋蔥（切薄片）……2 大顆
紅蘿蔔（切 3cm 塊狀）……400g
健力士黑啤酒……1 又 1/2 杯
紅糖……2 小匙
醬油……2 大匙
蘋果醋……1 小匙
百里香（乾燥或新鮮）……3 根
乾燥月桂葉……3 片
鹽、現磨胡椒粉……少許

作法
1 牛肉切塊撒鹽、胡椒，裹上麵粉。
2 燉鍋倒入橄欖油，拌炒洋蔥、紅蘿蔔，洋蔥呈金黃色後盛起備用。
3 用作法 2 的鍋子略炒一下牛肉，將洋蔥、紅蘿蔔倒回鍋中一起拌炒。
4 加入健力士黑啤酒、百里香、紅糖、醬油、乾燥月桂葉，大火煮滾後，撈去浮渣轉小火。
5 加入蘋果醋，持續以小火燉煮 45～60 分鐘。

桉樹／尤加利樹

★ 守護身體的香草

早晨在溫柔的陽光中甦醒，但覺得身體發熱，打了幾個噴嚏。小時候，只要兄弟姐妹中有人感冒，法國保姆就會滴一些桉樹精油在精油燈裡燃燒。

桉樹主要生長在澳洲，桉樹油透過葉片的分泌腺被採集萃取，可以當作緩和感冒症狀的塗抹用藥，或用來做鼻子、喉嚨蒸氣浴。

我非常喜歡檸檬桉的香氣，經常用來泡澡。桉樹富含香茅醛，所以也常被製成防蟲噴霧。我則是將桉樹葉拿來插花，花謝了以後把桉樹葉吊在廚房風乾，最後用來泡香草浴。

此外，羊毛毛衣太過乾燥、有刺刺的觸感，也可以在水中加幾滴桉樹精油，將毛衣過水潤絲一下，它就能補充羊毛中流失的天然油脂。桉樹精油也有除臭的功效，可以滴在水中用來清潔水桶。

● 栽種訣竅

桉樹不耐冰霜，是一種成長非常快速的樹種，喜歡全日照的環境。夏天需要多澆水施肥。

桉樹＆胡椒薄荷
通鼻蒸氣浴

**Eucalyptus & Peppermint
Stream Inhalation**

在寒冷的冬天，家中總是有人感冒。這個蒸氣浴可以紓緩鼻子不適，以及輕微的氣喘。當蒸氣散出，空氣中飄散著松樹與薄荷的香氣，吸了以後鼻子通暢，胸口會變舒服。

材料
桉樹精油……3 滴
松樹精油……3 滴
胡椒薄荷或綠薄荷
（新鮮或乾燥）……1 束
熱水……1 公升
毛巾……1 條

作法
1 將熱水倒入小臉盆中，放入胡椒薄荷（或綠薄荷）浸泡約 5 分鐘。
2 加入另外兩種精油。
3 雙手環抱臉盆，頭部披上毛巾防止蒸氣飄散，嘴巴張大、吸入蒸氣約 5～10 分鐘。

桉樹＆胡椒薄荷
潤膚凡士林

Eucalyptus & Peppermint Vapor Rub

材料
凡士林……4 大匙
桉樹精油……6 滴
胡椒薄荷精油……6 滴

作法
1 將所有材料充分攪拌混合。
2 放在有蓋子的容器中保存。

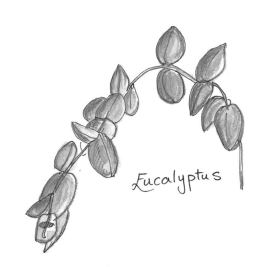

Eucalyptus

細菜香芹／茴芹

★ 象徵誠實的香草

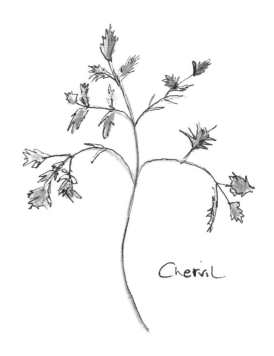

Chervil

　　冬天的風紛亂吹著，地面被白雪封埋。我穿上雪靴，到庭院的小型溫室去採集細菜香芹。細菜香芹是一種原產於高加索地區的一年生香草植物，我每年都會種上二到三次。

　　細菜香芹質感比巴西利細緻，是我經常使用的香草之一。綠色的葉片如蕾絲般美麗，具有清除血液毒素、幫助消化的功效。

　　細菜香芹的維生素 C、鐵質、鎂的含量豐富，我在做沙拉及雞蛋料理時會大量使用。它也可以浸泡在米醋中醃製，或是做成美味的細菜香芹奶油起司。將細菜香芹切細碎後，加入柔軟的奶油起司中，再加檸檬汁、鹽、胡椒調味，然後利用保鮮膜做成球狀。冷凍可以保存二～三個月。細菜香芹在歐洲是春季大齋節*會吃的強身香草，我在日本則是會加入正月所吃的春天「七草粥」中。

　　我一邊發抖一邊回到溫暖的廚房，將細菜香芹撒入熱湯中。

*編註：基督教的節期名稱，復活節前的四十天，約每年二、三月期間。

● 栽種訣竅

耐寒的一年生香草，喜歡生長在日照良好的地方，夏天不喜歡太熱，種在有濕氣且排水良好的土壤裡就能順利成長。生長期每個月種一次，就隨時都有新鮮的香草可使用。播種後 6 週，即可摘取外側的葉子使用。開花後香草味道會變淡，所以要趁葉片還小的時候摘下使用。

細菜香芹蘑菇濃湯
Mushroom Soup with Chervil

童年住在澤西島時，我常去採集美味蘑菇，蘑菇用鴻禧菇或香菇代替也很好吃。蔬菜收穫太多時，我會做成高湯冷凍保存。市售罐頭高湯或速食湯包，很多都添加防腐劑，建議最好不要使用。

材料（4 人份）
蘑菇（連梗切碎）⋯⋯120g
雞高湯塊⋯⋯2 個（15g）
水⋯⋯600ml
鮮奶油⋯⋯1/3 杯
玉米粉⋯⋯1 大匙
新鮮細菜香芹葉（切碎）⋯3 大匙
鹽、胡椒⋯⋯少許
牛奶⋯⋯少許

作法
1 用湯鍋加熱水和高湯塊，放入蘑菇煮約 15 分鐘後離火。
2 作法1冷卻後，用果汁機打成濃稠狀，倒回湯鍋開中火加熱。以少量牛奶溶解玉米粉、加入鍋中，湯汁變濃稠後轉小火，加鹽、胡椒調味。
3 熄火後加入鮮奶油拌勻，再稍微加熱，最後撒上細菜香芹裝飾。

香草干貝奶香濃湯

Saint Trys Scallops in Herb Sauce

這是俄國義母海倫教我的食譜。她的丈夫非常喜歡做菜，經常會拿出上等的起司、好酒，再做上一道簡單的料理，招待他們家葡萄田的工人。建議搭配白飯或法國麵包一起享用。

材料（4人份）
干貝肉（切半）……12 個
白酒……150ml
水……1 杯
天然鹽、胡椒……適量
奶油……40g
麵粉……3 大匙
鮮奶油……1 杯
新鮮蒔蘿葉、蝦夷蔥葉、巴西利葉
（切碎）……各 1 大匙
蘑菇（切薄片）……6 個
蒜頭（切碎）……1 瓣

作法
1 在有蓋淺鍋中倒入白酒及水，加入天然鹽、胡椒後開火加熱。
2 沸騰後放入干貝，加蓋用中火煮 2～3 分鐘，將干貝煮熟。
3 取出干貝，加蓋保溫湯汁。
4 蒜頭及蘑菇用平底鍋稍微炒一下。
5 將奶油及麵粉放入小碗中，攪拌均勻呈糊狀。
6 在作法 3 湯汁中少量多次倒入作法 5，然後加入作法 4，用小火慢煮 10～15 分鐘。
7 加入鮮奶油及香草拌勻，將干貝倒回鍋中，溫熱後起鍋。

蝦夷蔥／細香蔥

★ 有益的香草

蔥及蝦夷蔥都是古老的香草，香氣愈重治療的能量愈強大，有助於淨化血液。

孩提時代母親在做菜時，經常差遣我去採蝦夷蔥，然後用來撒在湯、起司、沙拉或馬鈴薯上。當時我們居住的鄉村莊園，有一個被維多利亞式紅磚牆包圍的菜園。打開嘎滋作響的門，就能奔向香草田。

蝦夷蔥是開著淡紫色花朵的細長綠葉，我會採集一束帶回廚房，母親則會親切地對我說「謝謝」。

現在我會將採集的蔥葉切碎，用製冰盒冷凍，這樣冬天也可以使用。在寒冷的冬天裡，用烤箱烘烤大顆馬鈴薯，在正上方割一道切紋，填入酸奶油或奶油，撒上蝦夷蔥、巴西利或薄荷大快朵頤。

● **栽種訣竅**
耐寒多年生香草，喜歡日照良好或半日照的環境。必須種植在有機質豐富的潮濕土壤中，定期澆水。最好等葉片長到 15 公分以上再採收，採收可割取至接近根部。
★能驅離蚜蟲及蛞蝓。
★蜜蜂很喜歡蝦夷蔥。

Chives

Lemon Myrtle

香桃木 ∗ 女性純潔的象徵

前幾天收到一個澳洲寄來的小包裹，原來是朋友寄來的香桃木茶包。不曉得它的味道是不是跟我所熟悉的地中海香桃木一樣。

在希臘神話中，傳說女神維納斯為了守護她喜歡的女巫穆勒，遠離其他追求者，最後竟變身成為帶有香甜氣息的香桃木。之後，代表女性純潔的香桃木，成為貞節的象徵，新娘在婚禮上戴的花冠也會編入香桃木鮮花。

在 250ml 的蒸餾水中滴入 8 滴香桃木鮮花萃取的精油，就能調出成散發清爽香氣的鮮花水，可以塗抹在割傷的傷口或濕敷在瘀青上。

香桃木的果實似莓果，乾燥後可以磨碎作為香料，葉片則能塞入雞肉中，製作肉類料理。

我在火爐邊試飲一杯檸檬香桃木茶包，跟我常喝的香桃木茶味道幾乎一模一樣，香味非常細緻。此時突然想起一句西塞羅的名言：

「世上沒有比貞節更高貴的事物，誠實與忠貞是人類擁有最尊貴的特質。」

● 栽培訣竅

極度不耐冰霜及寒冷，喜歡排水良好的肥沃土壤。成長後高度僅 50 公分高，扦插可使枝條增生。花朵及葉片皆可採集利用，也可做成乾燥香包。

檸檬香桃木烤鴨
Lemon Myrtle Duck

家中突然有訪客時，最方便的速成料理。檸檬香桃木清爽的香氣跟鴨肉搭配非常迷人，滋味及香氣都能更上一層樓。

材料
帶骨鴨腿肉（或去骨）⋯⋯4 隻
馬鈴薯（去皮切半）⋯⋯4 大顆
檸檬香桃木葉（新鮮或乾燥）⋯2 小匙
蒜頭（切碎）⋯⋯2 瓣
檸檬皮（磨泥）⋯⋯1 大匙
橄欖油⋯⋯ 1/4 杯
白酒⋯⋯1 杯
新鮮巴西利葉（切碎）⋯⋯少許
鹽、胡椒⋯⋯少許

作法
1 馬鈴薯汆燙 15 分鐘至軟熟，撈起瀝乾備用。
2 橄欖油加入蒜頭、檸檬香桃木葉、檸檬皮拌勻。
3 鴨腿肉撒上鹽、胡椒與作法 1 擺在烤箱的烤盤上。
4 將白酒及作法 2 淋上作法 3。
5 烤盤放入預熱 210 度的烤箱中烘烤 45 分鐘。
6 盛盤、撒上巴西利。

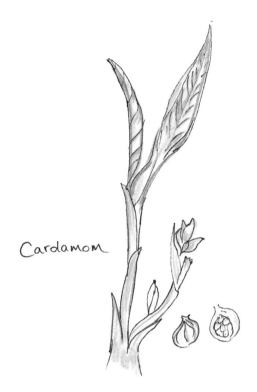

Cardamom

馬沙拉印度奶茶

Masala Chai

我常會在一天的開始、清晨之際，做一杯馬沙拉奶茶，奶茶中的各種香料都對身體有好處。坐著啜飲奶茶，一邊看著旭日從北邊的群山升起，一邊慢慢調整呼吸。這道奶茶可以加入蜂蜜或砂糖來享用。

材料（1 壺份）
水……2 杯
牛奶……4 杯
紅茶茶葉……2 大匙
A
│ 丁香……4 粒
│ 多香果（牙買加胡椒）……2 粒
│ 肉桂棒……1 根
│ 白豆蔻種子……2 粒

作法
1 將材料A用果汁機打碎，或放入鉢中磨碎。
2 在鍋中倒入水及作法 **1**，放入紅茶茶葉煮滾，加入牛奶用小火繼續煮 2～3 分鐘。
3 用濾茶器過濾後，將奶茶倒入溫熱過的茶壺中。

白豆蔻 ★ 樂園的種子

幾年前丈夫曾教我用白豆蔻沖泡印度奶茶。他示範了從白豆蔻中取出柔軟的綠色種子，然後放進鉢中研磨的方法。

我第一次接觸白豆蔻，是在前往印度途中的一個市集。白豆蔻是生長於斯里蘭卡、瓜地馬拉、坦尚尼亞的香料，幾乎所有的印度料理及咖哩中都會使用。

一位專門販賣香料的阿拉伯老人告訴我，白豆蔻加在辛辣料理中可以引起食慾，在甜味料理中則能增添香氣，可以預防氣喘及糖尿病，促進健康。在《一千零一夜》故事中，阿拉伯人認為白豆蔻能幫助消化，而且可以作為壯陽藥或春藥。現代阿拉伯也常將咖啡豆與白豆蔻種子一起研磨，或是咀嚼白豆蔻種子，充當口腔芳香劑代替刷牙。

維京人在幾百年後乘船來到君士坦丁堡（今伊斯坦堡）與白豆蔻相遇，並將其傳到了挪威、瑞典、芬蘭、丹麥等北歐國家。現在這些地區的人，燉煮水果或布丁時也會加一些白豆蔻，或將其作為香料加入白酒中來溫暖身體。

冬天難得一見的暖陽照亮廚房的每個角落。我泡了一杯滾燙的印度奶茶坐下來，看著暖爐中悠然舞動的火焰。

● **栽培訣竅**
不耐冰霜的多年生灌木，屬薑科植物，喜歡生長在熱帶地區完全沒有遮蔭的熱帶雨林裡。10～12 月是採收期，此時種子已成熟且還未爆開。

Gardening Tools box

▋香草花園前置作業

「庭院是隨時都能去拜訪的好友。」

——佚名

　　在開始打造庭院之前，首先要觀察庭院的位置與地形。在梅雨季節是否容易積水，是否有某些地方容易乾燥，請好好調查。太陽每天不是只會由東向西移動，隨著季節不同、高度也會有所變化，因此庭院裡植物所接收的日照量也不一樣。

　　第一次接觸園藝的人，野心不要太大，可以先從小區塊，或簡單從三個種植箱做起。我自家大原的庭院，光設計一個區域，從設計、打造花壇、準備土壤、正式栽種就花了一年的時間。由於六個區域各有不同主題，庭院共耗費六年才打造完成。也曾經因為花壇計算失誤，必須全部重新栽種或設計顏色。

　　如果有機會詢問園藝愛好者，想要完整掌握一座庭院，並且照顧得非常漂亮需要花多少時間，一般都會回答需要四、五年。因此不要著急，慢慢來吧。不管是哪一種植物，都需要除草、澆水、施肥、修枝、收穫、過冬、早春準備等過程。只要照顧合宜，香草每年都會長出許多新葉，它們的香氣及美麗姿態會帶給我們許多愉悅。

　　園藝工作能為我們的靈魂充電，讓內心重新恢復生氣。應該如何面對每天的變化、如何與季節調和、如何看待生命的必要之物等，這些都是我從園藝中學到的事。

▋庭院設計要點

　　設計庭院時，應該以建築物為中心往外構思。配合庭院本身的場所條件，設計的時候要注意搭配家的外觀。我們家是一棟古民宅，因此設計時我便決定，庭院的風格要以舊時日本農村常見的植物及材料為主。

庭院景致

　　一定要思考從房間窗戶看到的庭院景致。從走廊、椅子上或露台等地方，以及在庭院中坐下能看到的景觀也相當重要。如果庭院裡已經有種樹，只要圍繞著樹打造花壇即可。如果有電線桿或障礙物，則可以種樹或用藤蔓類植物遮蔽。若地面能做出高低落差，拉出造景深度，庭院也會變得有立體感。

運用曲線

　　一般來說，曲線設計會比直線好看，也比較容易進行園藝工作。直線型的細長庭院，愈往底端愈容易流失能量，不利於植物生長。

　　不要忘記在庭院中做出一條小路，讓花壇最內側的植物也能得到照顧。通道上可以鋪碎石子或木屑、磚塊，這樣也可以減少需要除草的區域。又或者鋪設石板、種植草皮，只要做出通道，小孩和寵物、蜥蜴等動物也會常到庭院活動。此外，可以種植玫瑰、鐵線蓮、忍冬等藤蔓類植物，讓它們爬在菱格屏風或方尖碑上，拉出庭院的高度、增加美感。

種植箱

　　住在公寓大廈，也可以用種植箱打造美麗庭院。首先，要決定庭院的位置與形象。是將白色花盆放在層架或柱台上的古羅馬風，還是使用藍色和白色陶盆種植的南歐風，又或者是用信州燒陶盆營造出簡樸靜寂的風格。

　　燒製的種植缽盆及木箱可以大膽出手買下，但塑膠種植盆長年使用會變得污穢不堪，在強烈陽光直射下，也可能釋出化學物質滲進土壤影響植物生長。為了營造一致性，同一個主題的庭院種植箱，最好都選擇同款式。

▌打造庭院的細節

花園之牆

　　有些房子即使沒有寬闊的庭院，玄關入口處也可以用石頭堆疊，做出一個小小的石頭花園空間。庭院內如果有古代的自然岩石或土牆，最適合用來栽種不需要深度花壇或大量水分的花卉或香草，如迷迭香、百里香、薰衣草等一類香草，在乾燥岩石地也可以長得很茂密。由於是原產於地中海沿岸的香草，所以即使是石壁，但只要日照良好就能生長。鼠尾草、龍艾等不喜高溫多濕的香草，最好種在能遮雨的地方；水果則建議種在面南的牆上。

在排水管上多開幾個洞，讓水容易排出去。

花壇

　　花壇可以依據「土壤性質」來分類。一個花壇裡只有一種土壤。例如酸性土壤、鹼性沙土、肥沃但濕度高的土壤、肥沃的乾燥土壤等等，各種植物再依據適合的土壤來種植。

　　接下來考慮「配色」。由東方照進來的朝陽，能讓粉彩色花朵映照得非常美麗。相反的，午後落日則適合用來襯托色彩鮮豔的花朵。銀色的葉子、淡紫色或白色的花朵，在正午耀眼的太陽下看起來會很亮，適合種在朝南的花壇上。

排水溝

　　很多新建的透天住宅，為了避免大雨後地面泥濘，多半會在庭院埋設排水溝。香草類植物不喜歡泡在水裡，如果住在老房子，為了讓雨水從庭院排出，花壇下也必須埋設排水管。我的庭院裡，就埋設了七根排水管。有了它們，庭院再也不會像以前一樣泡水，對植物生長有很大的幫助。

用石頭或磚塊打造花壇邊的流動曲線，能讓植物生長良好。

Winter Snow in the Forest Garden

Wherever we go,

no matter what the weather,

let us bring our own sunshine.

不論到何處去、遇上什麼天氣，一定要記得讓心中的太陽升起、照亮自己。

February
2月

我家附近江文神社中的巨大杉木

2月

循環的生命樹液

Christmas
Rose

聖誕玫瑰

「一沙一世界，一花一天堂。
雙手握無限，剎那即永恆。」
——威廉·布萊克

To see a world in a grain of sand,
And a heaven in a wild flower,
Hold infinity in the palm of your hand,
And eternity in an hour.

——William Blake

　　新的一年開始，是重新意識到人類與大自然有所連結的大好時機。正因為自然界中有生物鏈的存在，因此所有生命得以和平共生。我覺得在每天的日常生活中，感受這項真理是非常重要的。二月的英文「February」，語源是拉丁文的「Februum」，意為「清潔、淨化」。《聖經》上有一句名言：「心裡潔淨的人是有福的」，我常常想起這句話，它拯救了我好多次。

　　在久遠前的太古時代，人類和大自然緊密連結。地球上所有的生物彼此有深刻的交流、互相理解——這原本應該是理所當然的事。但這些透過動物、植物與大自然建立的連結，在現代生活中已經被遺忘。我們的心靈也在不知不覺間出現一個缺口，經常感到空洞和寂寞。人類開始對於自己的定位、自己身為何物感到迷惘。

　　觀察美國原住民卡惠拉族（Cahuilla）的古老年曆，可以知道他們的生活與自然密切相關。在他們的語言裡，第一個月是「樹木發芽的月份」，第二個月是「樹木開花的月份」，第三個月則是「包裹種子之豆莢膨脹的月份」，第四個月是「豆莢中種子成熟的月份」，第五個月是「豆莢中種子掉落的月份」，第六個月是「盛夏」，在那之後會有一段涼爽的日子。而最後一個月被稱作「寒月」。他們將季節的轉換，用如此簡單卻又美麗的語言表達。

　　現代科學家認為，大自然中各種草藥的使用方法與功效，是人們經過好幾個世紀反覆實驗而確立下來的成果。但是當我透過書本閱讀，學習不同文化圈使用草藥的方法時，當地的人卻告訴我，他們對草藥的知識，是植物自己（也許是幻覺），或是在夢中由植物本身傳授給他們的。在那之後，我看待植物的目光就完全改變了。身處庭院與大自然之中，我會配

合周圍植物的波長，努力感受隱藏在每一株植物及樹木裡的靈魂。我認為地球上所有植物，都有它們獨特的使命。

遠古時代，日本以及其他許多國家都認為，天空、太陽、山川、樹木這些大自然的美麗事物，擁有神聖的力量，而對其敬奉膜拜。日本神道的神社會崇拜杉樹，克爾特人則崇拜青剛櫟或日本梣。在古羅馬時代，樫樹代表春分，樺樹代表夏至，橄欖代表秋分，山毛櫸則是代表冬至的樹木。

我一邊想事情，一邊望向窗外的楓樹。陰沉的天空下寒風呼嘯，細枝上楓葉落盡，徒留光禿禿的枝幹。樹木為了保存水分度過寒冬，捨棄自己所有的葉片。南天的細枝也在寒風中顫抖著，紅色果實多半已被飢餓的鳥群啄食，所剩無幾。我希望冬天也有鳥類來訪，因此花了好多年的時間，在庭院裡增加萬兩、草珊瑚、歐洲冬青、簇花茶藨子、南天等有紅色果實的植物。現在看到庭院有鳥類來訪，是我冬天的樂趣之一。其中也有以前就會拜訪庭院，像老朋友一樣的鳥兒。當庭院被雪覆蓋而一片銀白時，紅色果實就會像冬日的花朵一樣醒目。而鳥兒們的來訪，就像是在邀請人們欣賞雪景。

陽光從灰陰的雲縫間透出。我原本一直低著頭在寫東西，決定暫時放下筆，到庭院去看看。我穿了一雙麂皮靴子來到庭院，繞了一圈看看有沒有不畏北風仍然綻開的花朵。令人喜出望外的是，有一株白色雪花蓮躲在綠色青苔中盛開。她沐浴在午後溫暖的陽光中，正準備展開可愛的花瓣，我不禁露出微笑。在英國，庭院中最早開花、帶來春天訊息的植物就是雪花蓮。

雲層再度遮住陽光，感覺氣溫驟然下降。因為手指有些僵硬，決定出門去做每天的例行散步。戴上手套及毛線帽，爬上緩緩的坡道，我往大原鄉村的另一邊走去。那是一條安靜舒適的小路，整排山茶樹漸次開出鮮艷的粉紅色花朵。路向左彎，繼續往山麓延伸上去；自花崗岩鳥居開始，就是神社的參拜小徑。日暮西沉，四周變得愈來愈冷，我走上通往江文神社的小路。神社入口有一棵杉樹巨木，樹幹上圍繞著一條以稻桿捆捲而成的繩子*，彰顯這是一棵神聖的樹木。杉樹的枝幹寬闊開展、高聳入天，巨大的樹根牢牢攀附深入地底，就像同時跨越地上、地下兩個世界。這棵樹連結了天與地，生命的樹液（精華）在體內不斷循環，進而將上下兩個世界合而為一。看著這棵神木，我想地底下一定也有大量的樹根，像枝幹一樣往地底延伸。我對神木巨大的生命力感到無比敬畏，低下頭默禱。

大原鄉村慢慢被黑暗吞噬。我感覺寒冷將手插進口袋，離開神社走下山來。雖然天色有些暗了，但我還是決定繞遠路回家。因為兒子悠仁告訴我，晚上天黑後，有鹿群會在杉樹林出沒。農家居民好像都已結束工作回到溫暖的家中，這一帶恢復寂靜。心想著不知道能否看到鹿，一邊抬頭看月光，很幸運地看到一圈淡淡的月暈。月暈有時候幾分鐘就會消失不見，但今晚月亮周圍閃耀著彩虹色的光環久久不散。在厚厚的雲層中，旋轉飛舞的冰晶呈現彩虹顏色，那是在預示即將要下雪。我慢慢走回家中，告訴家人「看見月暈了，應該很快就會下雪」。

---

*編註：即「注連繩」，是日本神道中用於潔淨的咒具，以稻草織成，常會掛上紙垂。

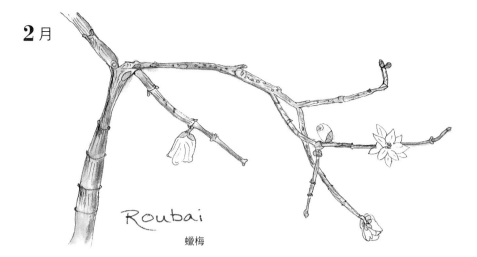

Roubai

蠟梅

{攀岩者們}

有些人喜歡爬山或攀岩，
有些植物也喜歡攀爬在石牆或格狀牆垣上。

二月是紫藤、蔓性玫瑰，以及遲開的鐵線蓮等藤蔓植物修枝的時期。
在春天到來之前，好好幫它們整理一下外型吧。

藤蔓類植物會肆無忌憚地擴散，建議種植在狹小的區塊，
它們能將庭院打造成一個祕密天堂。

{雪花蓮}

我從很早以前就會把日常生活發生的事寫在日記裡，
還有另一本日記是專門用來記錄庭院的工作。
以一週為單位、整理出不同季節該做的園藝工作，提醒自己不要忘記。
每週我都會再次翻開筆記，確認自己是否完成所有事項。

今天我發現象徵春天的雪花蓮，悄悄在青苔之間開花了。
在溫暖的天氣裡展開花瓣，像是輕輕訴說春天即將到來。

漫長寒冷的冬季即將結束，庭院就要進入最美麗的時期。
花壇上的雜草也開始冒出頭來，趁早拔除夏天除草就會很輕鬆。
此時也差不多該為一年生的香草育苗，先放在溫暖的地方預作準備。

Pussy Willow

細柱柳

Climbers

Some people love to climb up and up on trees and rocks. Some plants also have the urge to climb up on stone walls, arches and trellises.

February is a good time to prune back climbers, such as wisteria, climbing roses and late-flowering clematis, to get them back into shape before spring.

Adventurous plants like climbers are great to use in areas where there is not much space. They can help to turn your garden into a secret paradise.

Snowdrop

As long as I can remember, I have kept a diary about my life. I also keep a special diary for my garden. It helps me to remember the practical things that I should be doing in the garden to keep in tune with the seasons week by week. I check my diary every week to make sure I have done everything.

Today I espied the first sign of spring, a white snowdrop blooming gently in the moss. It was warm today and its petals unfurled announcing to me that spring has come.

Now is the time to clean and tidy the garden after the long cold winter. The first little tips of the weeds are appearing in the flowerbeds. If I can pull them out now, whilst they are still small, it will save me a lot of time in the summer months. I need to start sowing the seeds of the annual herbs and keep them in a sunny warm place.

Snowdrop

雪花蓮

左）到我家庭院來吃早飯的栗耳短腳鵯。
上）修剪一些葉片，讓森林花園中已經開花的聖誕玫瑰能夠照射到早春的陽光。

金盞花 ★ 能帶來慰藉及喜悅的香草

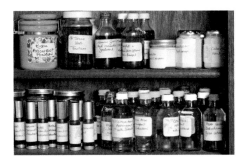

我至今仍無法忘懷，好久好久以前的一個午後，在澤西島上從花開遍野的草原，漫步往海邊走去。在溫暖的陽光下看見盛開的金盞花與雛菊，令我非常開心，我就這樣躺在花田中央，看著金黃色的花冠和太陽彼此追逐。

知道金盞花有香草療效，則是在很久以後，我最小的兒子悠仁出生時。金盞花製作的嬰兒乳液，能有效紓緩尿布疹，緩和肌膚問題。金盞花製作的乳霜具有消炎效果，可以當作抗真菌藥膏使用。它可以緩和運動選手的腿部痠痛，或燙傷、靜脈瘤等症狀，也能治療切傷、擦傷，或一般輕微外傷。

金盞花的料理用途也很多，剛採下的花瓣可以加入起司醬、米飯、義大利麵或冬天的燉煮料理中，用來增添色彩及風味。

金盞花的學名「Calendula」，語源來自拉丁文的「calendae」，意思是一個月當中的第一天，因為它是月初最早盛開的花。

看到太陽落入山的另一邊，我家庭院中的金盞花，好像也跟太陽一起睡著了，花瓣整個閉合起來，非常不可思議。

● 栽種訣竅

耐寒的一年生草本植物。喜歡日照充足的地方，土壤要肥沃、具保濕性且排水良好。一年可收獲兩次，建議在秋天及早春播種。
★種在蒔蘿、茴香、琉璃苣旁可助其生長；會吸引瓢蟲這類益蟲。

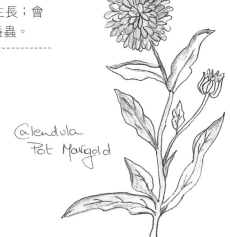

Calendula
Pot Marigold

金盞花乳液
Calendula Cream

這是英國友人柯林教我做的乳液，它可以軟化肌膚、修復因園藝變粗糙的雙手，還能紓緩腳跟、乳頭乾燥，以及濕疹、嬰兒尿布疹。

材料
臉部基底乳霜……100g
金盞花乳液……4 大匙
金盞花精油……4 滴

作法
1 將所有材料放入碗中攪拌均勻
2 放入有蓋子的容器中保存。

★金盞花乳液作法
將 50g 乾燥金盞花花瓣放入 1 公升的水煮沸，轉小火再煮 30 分鐘後，過濾留下液體，和甘油以 1：1 的比例放入密封玻璃瓶，用力搖晃混合均勻。剩餘的金盞花液可冷凍保存。
★將數片金盞花的花瓣泡在嬰兒油中，能預防尿布疹。
★此處的臉部基底乳霜我使用英國製的「Aqueous Cream」冷霜。

冬季香薄荷奶醬蠶豆
Broad Beans in Savory Sauce

這是春天常做的料理，每到蠶豆產季我就想品嚐這春天才有的味道。冬季香薄荷能幫助消化、促進食慾，烤鱒魚時加一些，味道也很棒。

材料（4 人份）
蠶豆……450g
連枝冬季香薄荷葉……1 根
奶油……15g
麵粉……2 大匙
牛奶……150ml
新鮮冬季香薄荷葉（切碎）…4 根
鮮奶油……150ml
肉豆蔻……1 小撮
鹽、胡椒……少許

作法

1 從豆莢中取出蠶豆，連同香薄荷的枝放入熱水汆燙一下。瀝乾水分、去除蠶豆的薄皮。汆燙的湯汁留下備用。

2 鍋子用小火加熱融化奶油、加入麵粉，充分拌勻數分鐘後，少量多次加入牛奶，持續攪拌至麵糊變濃稠。

3 將作法 **1** 的 40ml 湯汁加到作法 **2** 中拌勻。鮮奶油混合切碎的香薄荷葉後，也加入鍋中。

4 加入作法 **1** 的蠶豆、肉豆蔻，用鹽、胡椒調味。

冬季香薄荷 ★ 辛辣的香草

　　為了採買蔬菜煮湯，我走在田埂上，往大原的早市走去。外頭冷得像被冰封一般，但我把自己包得密密實實的，即使寒冷的北風像刀割吹在身上也能抵擋。

　　從早市回來後，我到庭院採摘冬季香薄荷。這種香草味道辛辣，經常加在湯、肉派或肝醬中調味。

　　古羅馬人把這種香草加在肉類料理中，可以促進消化。古埃及從事勞動工作人的，工作前會喝加有冬季香薄荷的湯，用以補充體力。此外，也有人說它能減緩耳鳴。

　　豆子湯在柴爐上咕嘟咕嘟滾著。我靠著火坐下稍事休息，突然想到一句印度諺語──「只要內心柔軟，任何事都可以是一種樂趣。」

● 栽種訣竅
耐寒的多年生矮木。土壤不必太肥沃，但需排水良好，喜歡在日照充足的地方生長。夏天需略微修枝。冬季香薄荷及夏季香薄荷都是原產於地中海的香草，經常用來做料理。夏季香薄荷的葉片比較茂密，是一年生矮木，有時可以在石灰岩的多石丘陵地看到。
★冬季香薄荷種在豆類旁邊，可驅離黑蠅。

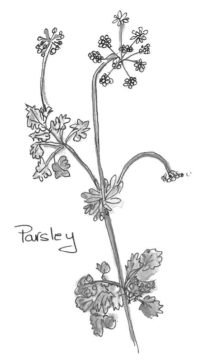

Parsley

巴西利／荷蘭芹 ＊慶典香草

巴西利經常用來裝飾菜餚，是一款能夠畫龍點睛、營造隆重氣氛的香草。它的維生素 A、B、C 及鉀的含量都很豐富，具有去除口臭的功效，只當裝飾而不食用其實很可惜。此外，巴西利也有促進消化、減緩風濕痛的功效。

切碎的巴西利，可以撒在湯、沙拉或馬鈴薯上。巴西利量比較多的時候，我會拿來泡排毒茶，可以使毛髮、肌膚及眼睛恢復光澤與健康。巴西利和西洋蓍草混合泡的茶，可以改善膀胱及腎臟機能。它還可以製成潤髮精，改善乾燥的髮質。若將巴西利剁碎，放在小的玻璃容器冷凍起來，冬天也能使用。

「用愛心來種植，就是種下幸福。」

● 栽種訣竅
可耐寒，一般視為一年生草本植物來栽種。巴西利喜歡日照良好或半日照的地方，適合排水良好、濕潤且肥沃的土壤。冬天可以在室內溫暖的地方用種子栽種，我每年在春季及秋季都會栽種兩次。育苗前可將種子泡水一晚促進發芽，長出葉片後隨時皆可採收，但要剪除有開花的枝條。

傳統愛爾蘭燉湯
Traditional Irish Stew

冬天吃這道燉煮料理，身體會變得暖烘烘的。用乾燥香草燉煮料理，香氣比較容易釋出。

材料（4 人份）
高麗菜（1 葉切 6 等分）……1/2 顆
培根肉塊（切大塊）……750g
洋蔥（切 4 等分）……中型 2 顆
紅蘿蔔（亂刀切大塊）…中型 2 根
馬鈴薯（亂刀切大塊）…中型 4 顆
水……6 杯
大麥……2 大匙
紅糖……1/2 大匙
鹽、胡椒……少許
乾燥月桂葉……2 片
新鮮巴西利葉（裝飾用）…2 大匙
醬油……少許
橄欖油……少許

作法
1 大鍋倒入橄欖油，用大火炒馬鈴薯、培根 2～3 分鐘，加水後煮沸。
2 水滾後轉小火，加入紅蘿蔔、洋蔥、大麥、紅糖、月桂葉，撈除浮渣、燉45 分鐘。
3 以鹽、胡椒調味，加少許醬油提味。
4 蔬菜煮軟後放入高麗菜，繼續煮約10 分鐘，最後用巴西利裝飾。

肉桂糖德式蛋糕

Stollen

這是各種德式蛋糕配方中，我覺得最好吃的一種。德式蛋糕是德國及澳洲在聖誕節吃的點心蛋糕，形狀據說是模仿嬰兒耶穌被布巾包裹的樣子。

材料（1 條份）
牛奶……160ml
砂糖……40g
速酵粉……2 小匙
麵包專用麵粉……450g
鹽……1/4 小匙
奶油……100g
雞蛋……1 顆
萊姆酒……3 大匙
沙拉油……適量
A
｜葡萄乾……50g
｜金色葡萄乾（綠葡萄）……25g
｜糖漬橘子皮（切碎）……40g
｜杏仁（剁碎）……1/2 杯
裝飾用
｜融化奶油……2 大匙
｜糖粉……3 大匙
｜肉桂粉……1 小匙

作法
1 將牛奶加熱接近體溫，加入砂糖、速酵粉攪拌至起泡，放在溫暖處備用。
2 碗盆中放入麵包專用麵粉、鹽、作法 1，以及融化奶油、打散的蛋液、萊姆酒，搓揉拌勻。若麵團太過乾硬，可加入少許牛奶，揉至麵團柔軟。
3 作法 2 加入材料 A，繼續揉捏。
4 碗盆抹沙拉油後放入麵團，蓋上保鮮膜，在溫暖處靜置約 2 小時發酵。
5 在作業台上撒一些麵粉，再次揉捏麵團，整成 30x20cm 長方形。
6 麵糰由長邊摺三摺，放到烤盤上，在溫暖處靜置 20 分鐘醒麵。
7 烤盤放進預熱 200 度烤箱中，烘烤 25～30 分鐘。
8 烤好取出稍微放涼，塗上裝飾用的融化奶油，放在網架上冷卻。
9 最後撒上肉桂粉及糖粉裝飾。

肉桂　★ 可以溫暖身體的全能香草

今天是一個乾燥、灰陰陰的冬日。風呼呼地吹著，寒冷的空氣中樹上的葉子沙沙作響。

我心想還剩下一些磨碎的肉桂，正是做點心的好日子，於是決定烤一個德式蛋糕。

肉桂是一種能溫暖身體、提升免疫力的香草。它原產於斯里蘭卡，曾出現在五千多年前的文獻中，《舊約聖經》也有記載，古埃及將其作為遺體的防腐劑使用。肉桂因為它濃郁的香氣受到重視，甚至比黃金還珍貴。

八世紀時，肉桂從中國傳到日本。中國的肉桂（桂皮），是取下玉桂樹的樹皮所製成。《神農本草經》中記載，肉桂是可以緩解體熱、頭痛、嘔吐、疲勞的中藥。日本則在江戶時代，出現一種叫做「八橋（八つ橋）」的點心，此後用肉桂製作的點心開始受到歡迎。

近來有種說法是每天攝取一些肉桂粉，能調整血糖值、降低膽固醇，並提升集中注意力及記憶力。此外，還可以防止血液凝固，緩和關節炎及精神疲勞。做料理時，也可以用來保存肉類或醃製醬菜。

我把德式蛋糕放進預熱過的烤箱烘烤，廚房裡充滿了肉桂的香氣。

● **栽種訣竅**
在非熱帶地區栽種肉桂樹非常困難。肉桂樹必須種植 2 年以上，才能開始採集樹皮製成肉桂，收穫期為 5～10 月。

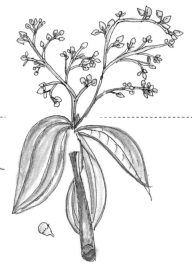
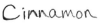
Cinnamon

薄荷 ★ 能預防疾病的香草

在我家庭院中的小小菜園，一整年都會種植胡椒薄荷。薄荷是我小時候透過點心、口香糖、牙膏、洗髮精等，認識的第一種香草。在很多國家，吃了油膩食物後都會喝薄荷茶幫助消化。

薄荷有減輕頭痛、刺激大腦中樞，以及提升記憶力的功效。家中若有正在求學應考的孩子，建議可以常常泡薄荷茶喝。

薄荷在日本稱作「Hakka（ハッカ）」，十二世紀由榮西和尚從中國帶回日本，由於可以作為芳香劑而受到重視，當時甚至有人將其製成香丸隨身攜帶。

今晚就來泡一個薄荷浴，讓自己神清氣爽吧。

● 栽種訣竅
喜歡半日照或日照良好的環境，在具保濕性、略微肥沃的土壤中，可以生長得很好。建議每隔兩年施一次肥。薄荷高度超過 20 公分以上就能開始採收。要製作乾燥薄荷時，可在開花之前，找一個天氣好的日子收穫。葉片想用的時候能隨時摘取。
★薄荷可驅除蚜蟲及跳蚤。特別是普列薄荷能驅離蚊子、螞蟻、小菜蛾等蟲類，但有毒不可食用，需特別注意。
★蜜蜂非常喜歡薄荷。

● 維妮西雅的薄荷應用法
★胡椒薄荷、綠薄荷：熱茶或糖漿
★黑種薄荷、瑞士薄荷、薑味薄荷：冰茶
★斑葉薄荷：甜點調味、裝飾
★圓葉薄荷：泡澡、插花

薄荷奶油四季豆
Minty French Beans

英國的蔬菜料理多半非常簡單，大多將蔬菜汆燙過後，與奶油拌勻，撒上一些切碎的巴西利就完成了。我想轉換心情時，喜歡吃水煮的豆子撒上剁碎的綠薄荷。完成後最好馬上食用，豆子不一定要使用四季豆，也可以用其他自己喜歡豆類取代。

材料
四季豆（切段 5cm）……150g
奶油……10g
新鮮綠薄荷葉（切碎）……2 小匙
鹽……少許

作法
1 將四季豆放入沸水中煮 2～3 分鐘，使其變軟。
2 把水倒掉，四季豆加入奶油、鹽、綠薄荷拌勻。

Mint

薄荷拉昔
Mint Lassi

在印度德里天氣炎熱時，我常喝清爽的薄荷拉昔*。吃太多辛辣咖哩時，它也可以幫助消化，紓緩胃部不適。可以用綠薄荷、胡椒薄荷、黑種薄荷等各類薄荷製作。

材料（4 人份）
原味優酪乳……2 又 1/2 杯
冰薄荷茶……2 又 1/2 杯
鹽或砂糖（依喜好添加）……少許
新鮮薄荷葉……4 片

作法
1 將原味優酪乳、冰薄荷茶、鹽放入果汁機。
2 作法 1 過篩後，加入四顆冰塊。
3 放上新鮮薄荷葉裝飾。

＊編註：Lassi，印度優酪飲料。

薄荷醬
Mint Sauce

小時候，我在廚房的任務就是製作烤羊排必備的新鮮薄荷醬。偷偷告訴你我的獨家配方！

材料
新鮮綠薄荷葉（切碎）……1 杯
義大利香醋……5 大匙
白酒醋……1 大匙
砂糖……2 大匙

作法
1 鍋子開小火加熱義大利香醋、白酒醋，加入砂糖拌至溶解。
2 將綠薄荷攤平放在碗盆中，醬汁沸騰後快速淋上，然後充分攪拌。
3 試一下味道，可酌量加砂糖。
4 放到醬料壺中，作為羊排等肉類料理的佐醬。

清潔用薄荷肥皂水
Spearmint Floor Wash

聞到清香的薄荷味，心情也會變得清新。早晨清潔地板時，可以在桶子裡倒一杯薄荷肥皂水，再加兩杯水稀釋。

材料
綠薄荷（或其他品種）……10 根
水……約 1 杯
肥皂粉……1/2 杯
醋……1 杯
熱水……500ml
綠薄荷精油……3 滴

作法
1 煮一鍋滾水，將薄荷放入茶壺，沖泡 1/2 杯偏濃的薄荷茶。
2 將作法 1 及所有材料放入碗盆拌勻。
3 倒進玻璃瓶中，放在陰暗處或冰箱中保存，一週內使用完畢。

Gardening Diary

▊ 了解植物的特性

「如果我的全身是一座花園，那園丁就是我的
意志了。」──莎士比亞

　　想打造一個美麗又療癒的香草庭院，也需
要深入研究植物知識，不僅是花朵的名稱及辨
別方式，下面八個重點也請牢記在心：
1 適合的土壤、**2** 需要的水分及日照量、**3** 冬
天耐寒溫度、**4** 成長之後的高度及範圍、**5** 修
枝時間、**6** 葉片形狀及大小、**7** 開花時間、**8**
葉子及花朵的顏色。

　　本來透過自己的經驗及觀察來掌握植物狀
態最好，但一開始還是建議多參考植物書籍。
短時間無法記住，可以把要點記錄在園藝日記
上，將每個月該進行的工作條列寫下。例如，
應該修枝的月份、施肥及覆蓋的頻率等。
　　我會將不耐寒的植物種植在陶磚材質的盆
栽中，於初冬時移入屋內。盆栽除了可以放在
陽台或露台，只要設計一下擺設位置，就會成
為庭院中美好的視覺點綴，以及屋內裝飾。
　　想要拉出庭院的高度，可以種植香草類樹
木，如山椒、金桔、枇杷、紫藤、柿子、桑
樹、榅桲、野生蘋果樹、柚子、檸檬、貝利氏
相思、石榴、橄欖、桉樹等；也可以讓忍冬、
茉莉、啤酒花等藤蔓類香草攀爬在牆上。此
外，狗薔薇、法國薔薇、白玫瑰一類的野生薔
薇，可以作為香草製品原料，也能為庭院及家
中增添色彩。

栽種計畫

　　一開始就掌握庭院栽種的所有要點並不容
易，不斷反覆嘗試累積經驗，一定能愈來愈接
近夢想中的樣子。我將地藏菩薩周圍的鄉村花
園，設計成三個不同顏色的花壇：

● 白色與藍色的花壇
　日照良好，土壤為乾燥的鹼性土。
● 紫色與粉紅色的花壇
　半日照，土壤是具有保濕性的肥沃土壤。
● 黃色與橘色的花壇
　日照良好，乾燥的砂質土壤。

　★ 在花壇最內側，種植艾菊、土木香等，
　高度較高的香草。在其前方種植小白菊及
　金盞花，最前面則是斗蓬草。

　　土壤的性質（酸性／鹼性）、所需日照、
適合的溫度、顏色等條件，都要仔細考量過再
決定種植的地方。決定地點後，植物成長後的
高度也要預先思考、設計，再種下植物。此
外，也可以好好思考如何讓花壇一整年都有不
同的花開放。選擇葉子顏色不同的植物是重要
技巧，它們種在一起會產生對比反差，即使不
開花的時候也很好看。
　　下雪、下雨、風吹、日照等自然氣候條
件，人力無法控制。但我們還是可以多花點心
思，仔細挑選適合種植的植物，而這也正是園
藝耐人尋味的地方。
　　在香草當中，種植可以很快開花的球根或
是多年生的草本植物能享受很多樂趣。新手可
以先從容易栽種的多年生植物入門，建議選擇
能抵擋梅雨的日本原生品種，如澤蘭、桔梗、
光千屈菜、龍膽等，這些被當作香草使用的花

香草花園的配色計畫

我會認真思考花壇種植的花朵及香草配色。包括植物成長之後的高度也會納入考量，下功夫仔細搭配，讓花草的視覺呈現更加美觀。下面是我曾經在花壇實作過，覺得效果還不錯的香草搭配組合。

■ ■ 藍色＆綠色
琉璃苣 ▶ 藍色或白色 [1m]
黑種草 ▶ 藍色或白色 [30cm]
藍色矢車菊 ▶ 藍色 [1m]
瓜拉尼鼠尾草 ▶ 藍色 [60cm]
義大利香芹 ▶ 綠色 [1m]
法國龍艾 ▶ 綠色 [40cm]
夏季香薄荷 ▶ 綠色（花為淡粉紅色）[30cm]
檸檬香茅 ▶ 綠色 [1.5m]
芝麻菜 ▶ 綠色（花為白色）[50cm]
青紫蘇 ▶ 綠色 [1m]
巴西利 ▶ 綠色（花為淡黃色）[10～20cm]
庫拉索蘆薈 ▶ 綠色 [60cm]
甜菊 ▶ 綠色（花為白色）[50cm]
啤酒花 ▶ 綠色 [3m]
藥用鼠尾草 ▶ 綠色（花為粉紅或淡紫色）[40cm]
細菜香芹 ▶ 綠色（花為白色）[45cm]
艾草 ▶ 綠色 [1m]
迷迭香 ▶ 綠色（花為淡紫、粉紅、白色）[1.2m]

■ ■ 橘色＆黃色
萬壽菊 ▶ 橘色或黃色 [20cm]
聖約翰草 ▶ 黃色 [40～60cm]

□ ■ 白色＆黃色
檸檬香蜂草 ▶ 白色（花）[40cm]
檸檬馬鞭草 ▶ 白色（花）[1m]
奧勒岡 ▶ 葉子為黃綠色（花為粉紅色）[60cm]
茉莉 ▶ 白色 [3～4m]
西洋蓍草 ▶ 白色 [60cm]
魚腥草 ▶ 白色 [40cm]
洋甘菊 ▶ 白色 [15～30cm]
小白菊 ▶ 白色 [60cm]
蒔蘿 ▶ 黃色（花）[1m]
紫茴香 ▶ 黃色（莖及葉為青銅色）[60cm]
甜茴香 ▶ 黃色（花）[1.5m]

■ ■ 紫色＆淡紫色
紅紫蘇 ▶ 紫色 [1m]
海索草 ▶ 紫色（或白色、粉紅、藍色）[45cm]
紫葉鼠尾草 ▶ 紫色 [40cm]
三色菫 ▶ 紫色（還有黃色、粉紅色等）[10cm]
錦葵 ▶ 紫色 [2m]
香菫菜 ▶ 淡紫色等 [10cm]
薰衣草 ▶ 淡紫色 [1m]
銀斑百里香 ▶ 淡紫色 [7cm]

■ ■ 橘色＆紅色
金蓮花 ▶ 橘色、紅色 [2m]
萬壽菊 ▶ 橘色、黃色 [50cm]
野草莓 ▶ 紅色 [20cm]
鳳梨鼠尾草 ▶ 紅色 [1.5m]
大紅香蜂草 ▶ 紅色 [1m]

■ ■ 銀色＆綠色
朝鮮薊 ▶ 銀色（花為紫色）[2m]
薰衣草棉 ▶ 銀色（花為黃色）[60cm]
歐夏至草 ▶ 銀色 [60cm]
鹼蒿 ▶ 綠色 [1m]

■ ■ 黃色＆綠色
金盞花 ▶ 黃色或橘色 [40cm]
斗蓬草 ▶ 黃色 [50cm]
艾菊 ▶ 黃色 [1.2m]
馬郁蘭 ▶ 綠色 [20cm]
綠薄荷 ▶ 綠色（花為白色）[60cm]
圓葉薄荷 ▶ 綠色（花為白色）[30cm]
檸檬香蜂草 ▶ 綠色（花為白色）[40cm]
檸檬百里香 ▶ 綠色（花為淡粉紅色）[20cm]
薑味薄荷 ▶ 綠色 [30cm]

□ ■ 白色＆粉紅色
羅勒 ▶ 白色 [60cm]
芫荽 ▶ 白色 [60cm]
冬季香薄荷 ▶ 白色 [50cm]
紫花蘭香草 ▶ 粉紅色 [1.5m]
管蜂香草 ▶ 粉紅色 [1m]
蝦夷蔥 ▶ 粉紅色 [20cm]
芳香天竺葵 ▶ 粉紅色 [1m]
奧勒岡 ▶ 粉紅色 [80cm]
櫻桃鼠尾草 ▶ 粉紅色或紅色 [1m]
蜀葵 ▶ 粉紅色或紅色 [1.5m]

隨著春天到來，在大原不管走到哪裡都會被梅花的香氣包圍。

March

3月

把家中的窗戶打開，我一邊澆水，一邊讓植物聽著悠揚的鋼琴聲。

3月

照顧泥土

Butterbur
蜂斗菜

「珍視地球吧，
她不是從我們的父母那兒繼承而來的，
而是從我們的子孫那兒預借來的。」
——肯亞古諺語

Treat the Earth well.
It was not given to you by your parents,
it was lent to you by your children.

——Kenyan proverb

在古羅馬時代，戰神「馬爾斯」也是守護農業的神祇，三月被稱為馬爾斯的月份（Martius）。隨著日照時間慢慢變長，庭院在雨水及陽光的滋潤下逐漸恢復生機。周圍不斷增添新生的綠意，讓人感受到春回大地，與所有生命連結的感覺讓我心中無限滿足。植物開始長出嫩葉與新芽，花朵們似乎還在確認冬天是否走遠，一點一點慢慢地展開柔軟的花瓣。

我到庭院裡拔除雜草，一邊思考「土壤」的重要性。當我們仰望天空，望著遠山鬱鬱蔥蔥的山林樹木時，我想任何人都會感受到大自然的美麗。但是我們是否曾經認真注視過腳下踩著的土地呢。大地凝聚了生命，土壤表層有微生物棲息，從人類及大自然返還的有機物中衍生而來。人類受到土地的眷顧，收成各種作物，因此也應該細心照顧土地、努力回饋。

在泥土中混入堆肥，土壤就會變得溫暖，並形成健康的腐植質。之後不時撒上草木灰或石灰讓陽光曝曬一下，就能培養出像巧克力蛋糕的鬆軟土壤。我好喜歡用手撫摸這樣的土壤，光著腳丫踩在上面。因為當我赤腳與土壤親密接觸時，我能感受到自己也是大自然的一部分。

任何生物都需要養分與空氣，植物也和人一樣，沒有空氣就無法生存。植物會吸收二氧化碳再排出氧氣，淨化空氣。但是當土壤中有過多石塊、泥土僵硬凝固，就會讓植物的根系呼吸困難。表土層和下方的裡土層不同，裡土層由地殼表面岩盤的碎屑組成，而表土層則是礦物及腐植土的混合物，腐植土又是由蚯蚓等生物運作形成。一英畝（四十・四七公畝）的土地需要八百萬隻蚯蚓消化土壤、製成腐植土。因此在庭院中看到蚯蚓的時候，我會充滿敬意及愛心，輕輕將牠們放入堆肥箱中。

午後暖陽裡，我在玄關前的松樹下撿拾被強勁北風吹落的松葉，突然發現番紅花的嫩芽從地表探出頭來，上面爬有一隻又長又粗、微微透著粉紅色的蚯蚓，應該是一隻健壯多勞的蚯蚓媽媽。我在庭院裡發現守護大地的蚯蚓，心中無限欣喜。蚯蚓會將下層的土壤往上挪動，爬到地表上來呼吸。牠們用全身來感受光線與地面的震動，並敏銳地做出反應。蚯蚓平常在地底十～二十公分的深度活動，最深可以潛到四十公分深，將落葉轉變成腐植土，最後轉化為庭院中草木根系的養分。

多年前我們剛搬到大原古民宅時，庭院中

的泥土非常冰冷，呈現乾巴巴的僵硬狀態。我心想若要打造出美麗的庭院，必須先學會如何製作堆肥才行。

一九六二年，我十二歲的時候，與家人一起搬到澤西島西側，一間擁有四百年歷史的莊園別墅，其為第三位繼父喬・羅伯特所有。繼父告訴我們住在閣樓的幽靈，以及莊園內有很久以前偷渡業者使用的祕密通道等恐怖故事。因此整座宅邸及庭院，對我來說就像是一個巨大的神祕禁區。

春天有微風吹拂的晴朗早晨，我會到莊園的庭院裡繞繞。先是推開沉重巨大的鐵門，到一個古老石造建築物的庭院去。石牆前種有開花的常綠樹木，修整得相當漂亮的草皮周圍，花壇上開了許多鬱金香。庭院東側有個維多利亞式高牆，爬上階梯可以看到椋鳥常在巨大的木門前鳴叫。我使盡全身力氣推動沉甸甸的把手，門才好不容易嘎滋作響慢慢開啟。然而一腳踏進去，我彷彿走進一個令人心醉神迷的童話世界。我覺得這裡是能夠藏身的祕密花園。此後，我常到這裡看書，或是獨自一人靜靜哭泣。紅磚砌成的高牆，守護庭院不被英吉利海峽吹來的強風侵襲。這裡除了有大樹結的果樹外，還有各式各樣的蔬菜及香草。我總是偷偷溜進庭院，觀察園丁的工作。園丁叔叔有時候會讓我幫忙。他在庭院角落的紅磚牆邊製作堆肥，那裡離廚房的入口處很近，廚師會將一大桶蔬菜廚餘倒進堆肥中。

我剛搬到大原時，買了好幾本園藝書，學習製作堆肥。堆肥的歷史幾乎與人類耕種的歷史同時開始。古代美索不達米亞平原的阿加德人，就會製作堆肥。《舊約聖經》、《薄伽梵歌》（印度教聖典）以及中國古代文獻當中，也都出現過堆肥的記載。西元四三年古羅馬人征服

不列顛區域，不只帶來香草及草藥等多種植物、園藝技術，其中也包括使用堆肥的技術。現在，世界上有許多國家也重新重視古代的堆肥技術。在大原的庭院裡，我每年施加兩次自製堆肥。第一次是植物成長的早春時期，促進植物生長。第二次則是晚秋，為了守護植物的根系，讓它們在冬季不會冰凍枯萎而死。再來則是香草採收過後，帶有感謝之意的施肥，對植物提供的葉子表示感謝。

學會堆肥的基本製作方式後，我拜託外子幫我製作一個堆肥專用的木箱。在這個箱子裡，我放入廚餘、雜草、落葉、稻稈、咖啡粉、紅茶等，堆疊好幾層。為了讓堆肥更加肥沃，我放入可以加速分解的康復力。要讓堆肥完全發酵，空氣、溫度及濕度的管理非常重要。製作且運用堆肥為庭院的植物施肥、供給土壤養分，已經成為我日常生活中的一部分。除了不使用魚類、肉類等生廚餘，其他落葉、灰塵等我也會丟進堆肥箱，不想有絲毫浪費。製作堆肥的過程，使我真實感受到從腐敗轉化為再生的生命輪迴，並且從這大自然的循環中學習。土壤變得肥沃豐碩的同時，我的人生也跟著圓滿起來。心裡感覺自己好像做了一件很有意義的事。現在我只要看到有人拿著塞滿落葉及蔬菜廚餘的袋子，等著垃圾車的時候，就會忍不住感嘆「好浪費！」

生物之間是否能保持平衡決定了土壤的健康狀態。種植在肥沃土壤中的穀物，不容易生病且收成豐碩。所結出的果實會成為動物的糧食，而這些動物又會變成人類的食物。因此我們的健康是源自肥沃的土壤中，而維持我們健康的植物，又會為我們培育土壤。

{ 貝利氏相思 }

大原還吹著冷風。
但陽光一天一天愈來愈強，照射在我的庭院裡。
貝利氏相思的花苞慢慢綻放了，
在冷風中搖曳，宣告春天的到來。

黃色的花朵，讓我的心情跟著雀躍不已。
如果想讓她明年再次展現這樣美麗的姿態，
請別忘記要在七月之前修枝。

Mimosa
貝利氏相思

{ 花之彩繪 }

天空萬里無雲，今天是今年第一個溫暖的春日。

庭院中的梅樹開始綻放淡粉色的花朵，
再過一陣子就可以製作加入檸檬香蜂草的梅酒了。

我在庭院中坐下，
腦海中描繪著夏天到來時，
花朵及香草在花壇上的美麗模樣。

我在心中已經為每一個花壇，設計了不同的色彩組合（配色計畫），
銀色與淡粉紅色、鮮豔的橘色與紅色、明亮的黃色與綠色，
還有我最喜歡的清涼的藍色與白色。

就像天空中的彩虹一樣，庭院裡演奏著繽紛而和諧的色彩協奏曲。

Mimosa

The cold winds are still blowing in Ohara. Day by day, more and more sunlight reaches my garden. The buds of the mimosa flowers, little by little, begin to open and they sway in the wind, heralding spring. The bright yellow blossoms fill my heart with joy.

Remember, mimosa needs to be pruned after flowering before the month of July if you want it to blossom the following year.

Shepherds purse
薺菜

A Picture of Flowers

There is not a cloud in the sky, it's the first warm day of spring.

The delicate pink flowers of the plum tree begin to open in my garden. In a while it will be time to mix the plums with lemon balm and make plum liqueurs.

I sit in the cottage garden and picture in my mind how the flower and herb borders will be when the warm days of summer come.

Each flowerbed has a colour scheme. Silver and soft pinks, vivid oranges and reds, bright yellows and greens, and my favorite, cool blues and whites.

The colours in the garden blend together like a rainbow in the sky.

Crocus in early March
三月初的番紅花

Lemon Balm

檸檬香蜂草 ★ 帶來愛情的香草

檸檬香蜂草從很久以前，就被用來放在蜂箱中吸引蜜蜂，所以它的希臘語「梅麗莎（Melissa）」就帶有蜜蜂意思。

檸檬香蜂草有療癒憂鬱及悲傷的功效，據傳是阿拉伯醫生所發現的。人生在世，相信任何人都曾經被悲傷及痛苦所折磨。我自己也曾經有幾次借助檸檬香蜂草的力量得到安慰。

檸檬香蜂草泡茶飲用，能紓緩偏頭痛、頭痛、失眠；用來泡澡可以讓全身放鬆。此外，檸檬香蜂草泡在牛奶裡也很好喝，可以用此製成白醬，搭配海鮮和肉類料理，或者做起司蛋糕、果凍時增添香氣。我喝雞尾酒或檸檬汁，甚至冰水都會放入幾根檸檬香蜂草。每年春天我都會用庭院採收的梅子做梅酒，加入砂糖、白色蒸餾酒，以及伏特加，然後還會放入六七枝檸檬香蜂草一起醃泡。

過去有「長生不老藥」之稱的檸檬香蜂草，是一種具有魔法的香草。人們相信每天喝檸檬香蜂草茶可以使人回復青春，強健大腦及心臟、增強記憶力，保持頭腦清醒。

● 栽種訣竅
耐寒的多年生草本植物。喜歡日照良好的環境，但夏天建議還是種在稍有遮蔭的地方。適合種在略微肥沃、排水良好的土壤。建議於開花前採收，春天成長期要大量澆水。

大麥香蜂草感冒冰露
Lemon Balm Barley Cordial

以前感冒時，寄宿學校的舍監總是會讓我喝檸檬香蜂草水，我一直很懷念那神奇的滋味。某個雨天，我自己在家中慢慢摸索、寫出下列配方。喝的時候可以倒入一些濃縮液，加冰塊及蘇打水稀釋，最後用檸檬香蜂草葉裝飾。

材料
連枝檸檬香蜂草葉……10 根
水……5 杯
大麥……1 杯
檸檬汁……200ml
檸檬酸……3 小匙
砂糖……500g
新鮮檸檬香蜂草葉……依喜好添加

作法
1 把水加熱至稍微沸騰後，放入大麥、連枝檸檬香蜂草葉。加蓋用小火燜煮30 分鐘關火，用細密的濾網過濾。
2 作法 1 加入砂糖、檸檬汁、檸檬酸，用小火加熱，煮成略微濃稠糖漿。
3 作法 2 過濾後放入殺菌過的玻璃瓶，冷藏可保存一個月。

香菫菜 ★ 有品味的香草

今天是今年春天第一個溫暖的日子，我感覺空氣中有上天的恩賜。坐下來欣賞梅樹，聞到微風中有一股微微的香氣飄散。我跟著香味探尋，發現遮蔭處的香菫菜悄悄開花了。然後摘下一些象徵純真的白色菫花，以及象徵貞潔的藍色菫花帶回家中。

在古代民間療法中，浸泡香菫菜的蜂蜜糖漿，是治療頭痛、失眠等各種神經性症狀的治療用藥，也有改善便祕的功效。我會將香菫菜花瓣加入水果沙拉、果凍以及利口甜酒，或將其浸泡在砂糖中，用來裝飾蛋糕也很漂亮。

「自大者衰亡，謙虛者興榮，此為大自然法則。」

● 栽種訣竅

耐寒的多年生香草。開花時期喜歡大量日照，但除此之外最好是半日照，並種植在排水良好的土壤中。可以在花開季節結束的夏季裡，在一旁種植較高的蔬菜為其遮蔭，適合種植在菜園的田畦上。不時將枯萎的花朵摘除，比較容易開出新的花。秋天可以用落葉發酵製作的腐植土施肥。

香菫菜消化糖漿

Sweet Violet Syrup

用香菫菜的花朵製成的糖漿，可以幫助排便、紓緩胃腸不適。對失眠等精神性症狀也有緩和功效。

材料
香菫菜花朵……12 株分量
水……1/2 杯
砂糖……同花朵萃取液分量

作法
1 摘下花朵。
2 將水及花朵放入鍋中，用小火煮 5 分鐘後，過濾取出花朵。準備和過濾後液體等量的砂糖。
3 將液體倒回鍋中、加入砂糖，用小火加熱約 5 分鐘直到砂糖完全溶解。
4 放涼之後倒入玻璃瓶中保存。

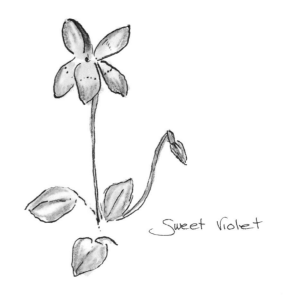

Sweet Violet

山茶 ★青春之源

　　綠色的新芽在朝露中閃耀，今天庭院送來了一顆山茶樹。讓生命有個好的開端，不管對孩子或是植物來說都很重要。

　　山茶早在三千年前就被視為青春之源，原產於中國及日本南方諸島。從山茶種子中萃取出的油，是一種天然的抗氧化劑。過去會塗抹在寺廟的木柱上保護防腐，其有降低膽固醇的功效，也被用來當作健康的食用油。

　　相傳以前藝伎保持青春美貌的祕密就是山茶花油（椿油）。山茶花油可以滋養頭皮、促進頭髮生長，也可以滋潤肌膚、保護肌膚不被陽光曬傷。

　　瓜地馬拉有這樣一句古諺：「心靈決定了一個人的年齡」。

油茶（山茶屬）
Camellia
Olifeva

● 栽種訣竅

矮木，喜歡排水良好、具保濕性的酸性土壤。有些品種 10 月就會開花，有些則會遲至 5 月還結花苞。不需要施加大量肥料，在開花期間每 6 週施一次肥即可。春夏之際不要忘記澆水。

山茶驅蟲油

Insect Bye-Bye

夏天時，我非常喜歡到日本長野縣的阿爾卑斯去健行。但是在森林樹蔭及溪畔旁，常被昆蟲及蚊子叮咬。下列驅蟲油的配方，驅蟲效果可長達一整天，桉樹有驅蟲效果，胡椒薄荷則可以緩和肌肉痠痛及蚊蟲叮咬的搔癢。

材料
山茶花油……100ml
荷荷芭油……300ml
桉樹精油……10 滴
胡椒薄荷精油……10 滴
新鮮綠薄荷葉……3 片

作法
1 綠薄荷葉放入缽中搗碎成泥狀。
2 將作法 1 放入碗盆，加入所有材料充分拌勻。
3 裝到玻璃噴霧罐中。

艾草蘋果煎餅
Mugwort & Apple Fritters

採收太多蘋果時，我會做煎餅給孫子喬吃。它很適合作為下午茶點心享用，蘋果甜味搭配微苦的五月艾，味道剛剛好。

材料（4 人份）
麵粉……1 杯
泡打粉……1/2 小匙
楓糖漿……2 大匙
食用山茶花油（油炸用）…3 杯
雞蛋……1 顆
牛奶……1/3 杯
蘋果（去皮切 1cm 片狀）…1 大顆
新鮮艾草葉……8 片
糖粉（裝飾用）……1/2 杯
鮮奶油……依喜好添加

作法
1 將麵粉及泡打粉過篩。
2 雞蛋、牛奶、楓糖漿拌勻後，加入作法 1 攪拌。
3 用略深的鍋子加熱山茶花油，蘋果片上放一片艾草葉，均勻沾附作法 2 麵衣，低溫炸 3～4 分鐘，直到麵衣變金黃色。取出放涼後撒上糖粉。
4 剩下的艾草葉可以沾麵衣油炸，裝飾在作法 3 的蘋果上。最後依個人喜好淋上鮮奶油享用。

油菜花 ★聰明的香草

在一個晴朗的日子裡，開滿黃色花朵的花田正式宣告春天降臨。我漫步其中，回想起第一次嚐到菜籽油（芥花油）的那天。

當時我才二十二歲，為了向自然農法的先驅福岡正信學習，我來到四國。福岡老師教導我，人的大腦幾乎都是由油脂形成。因此食用油一定要使用品質最好的油。

從那之後我就非常喜歡菜籽油。它不只含有豐富的油酸（單元不飽和脂肪酸），加熱也不易氧化，很適合用來炒菜或油炸。

前陣子我得知有間岩手縣的菜籽油工房，他們不用化學方法提煉菜籽油大量生產。而是在菜籽上施加重壓，仔細榨出菜籽中的油脂製成菜籽油。菜籽的香氣、風味、顏色都很誘人，用這樣的油做菜我吃得好香、好滿足。

看著檸檬色的可愛油菜花，心中湧起尊敬之意。

● 栽種訣竅
油菜花又稱芥花，屬十字花科植物，是高麗菜的親戚。喜歡日照良好、有濕氣的肥沃土壤。在晚秋播種，春天就會開花、結出豆莢，豆莢中的種子可以提煉菜籽油。油菜花可以改善土質，經常在冬天作為間作作物栽種。
★蜜蜂非常喜歡油菜花。

Rapo Blossom
Spring

味噌墨西哥玉米夾餅
Magical Miso Tacos

我的禪僧朋友出了一本世界知名的《豆腐之書》（*The Book of Tofu*），向歐美國家介紹豆腐。這是我改造書中食譜、自己很喜歡吃的一道豆腐料理。

材料（8 片份）
木棉豆腐（瀝乾水分）……1 塊
熟玄米飯（或絞肉 120g）……150g
花生（壓碎）……1/3 杯
青椒（切碎丁）……中型 1 個
蒜頭（切碎）……3 瓣
番茄醬……1/2 小匙
辣椒粉……1/2 小匙
醬油……1 小匙
紅味噌……1 又 1/2 大匙
麻油……1 大匙
墨西哥薄餅（軟式或硬式）…8 片
鹽、胡椒……少許

內餡
萵苣生菜（切細絲）…中型葉 3 片
起司（絲或粉）……80g
番茄（切丁 1cm）……1 顆
市售莎莎醬……130g
芫荽……5 株
油菜花……6 株
砂糖……1 小匙
醬油……1 小匙
花生（切碎）……2 大匙
菜籽油……適量

作法
1 用麻油將蒜頭炒香，依序放入青椒、熟玄米飯或絞肉翻炒。
2 在鍋中加入用手捏碎的木棉豆腐，翻炒至水分收乾。
3 加入花生、鹽、胡椒、辣椒粉、番茄醬、醬油、紅味噌調味（使用玄米請加重鹹味）。
4 內餡油菜花用熱水汆燙 2～3 分鐘，泡一下冷水，瀝乾切 3cm 段狀。撒上砂糖、醬油、菜籽油、花生備用。
5 用平底鍋、烤吐司機或烤箱加熱墨西哥薄餅。
6 用墨西哥薄餅夾入作法 3、4，淋上莎莎醬享用。

Japanese Apricot

消暑梅子糖漿

Ume Syrup

去拜訪奈良的友人喜多時，喝了一小杯梅子糖
漿。喜多將一間工廠改造成咖啡館經營，因為
糖漿實在太好喝了，我馬上向他請教作法。用
水稀釋糖漿，多加一點冰塊，就成為夏日最佳
飲品。

材料
青梅（無損傷）……1kg
冰糖……1kg
糯米醋……100ml

作法
1 青梅用水洗淨後擦乾水分，去除蒂頭
　的殘梗。
2 在殺菌過的大型保存瓶中，分次放入
　青梅及冰糖堆疊。
3 倒入糯米醋，把瓶蓋密封。
4 將瓶子放在陰暗處，直到冰糖溶解。
　不時搖晃瓶子，讓糖分均勻擴散。

梅子 ★ 日本的全能香草

　　天空中一片雲都沒有的溫暖日子裡，庭院的梅樹
開始綻放淡粉色花朵。

　　我在英語學校上了一整天的課，疲累地回到家
中，會給自己倒一小杯梅酒。喝下梅酒，疲勞盡失，
還可以刺激食慾，讓我有力氣開始準備晚餐。

　　梅子在八世紀時由中國傳到日本。冬天我偶爾會
吃一些梅乾養生，日本民間療法中，梅乾可以緩和感
冒、宿醉及腹痛，我深有所感。此外，用梅汁清洗珍
珠或銅製鍋具，所有東西都會變得亮晶晶。

　　「一天一顆梅乾，使醫生遠離我。」

● **栽種訣竅**
耐寒的樹木。喜歡生長在日照良好、肥沃的酸性土壤
中。樹苗尚小時不要忘記常常澆水，幾年後就能收穫可
愛的梅子。在梅雨季前後可採收果實。

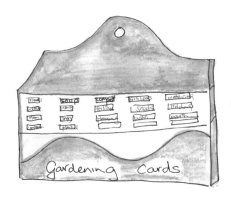

Gardening Cards.

▋培育肥沃的土壤

「健康的庭院,是健康靈魂的反射。」

——佚名

用心培育庭院裡的土壤,是園藝成功的祕訣。在英國,幾乎所有園藝愛好者,都會自己培養土壤。因為這種土壤不需要花很多錢,就能讓植物生長得很好。剛開始育土時,至少要往地底挖 60～80 公分深,並仔細將泥土中的石塊、碎石、雜草剔除。將土壤放入推車這類大型容器中,跟下列的材料混合,使其呈現鬆散狀態,然後再埋回花壇。

無法自己製作或取得堆肥時,可以利用泥炭苔讓土壤變鬆散。現在很多地方都風行園藝,因此泥炭苔在世界各國都有很大的需求量,但我自己則是盡量不用。如果沒有草木灰,可以增加石灰的用量。住在公寓大廈裡的人,也可以在園藝用品店購買調合土壤。

種植薰衣草、迷迭香、百里香等喜歡鹼性土壤的植物,可不加入會使土壤變酸的泥炭苔及腐植土。相反的,可以混入一些沙子、蛋殼、細砂礫,到了梅雨季或颱風季節有助於土壤維持乾燥,適合植物生長。

● **維妮西雅的土壤培育比例**（手推車 1 車份）

庭院的土壤……70%

堆肥……20%

沙子……10%

腐植土……1 杯

石灰……3 大匙

草木灰……4 大匙

加入康復力的堆肥,就像巧克力蛋糕一樣鬆軟又溫暖。

臉盆中的是堆肥。上面的三個碗盤分別裝著腐植土、石灰、草木灰。

我一週會倒兩次菜葉生廚餘到木製堆肥箱中。

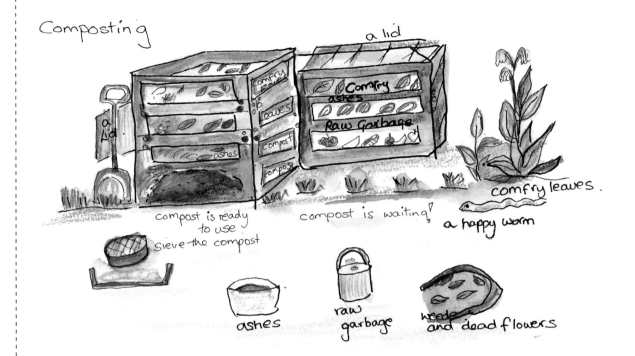

▌堆肥的作法

　　廚房及庭院中產生的垃圾，透過自然界的微生物分解，就能轉變成堆肥。想要做出沒有臭味，而且像巧克力蛋糕一樣觸感鬆軟的堆肥，請按照以下的步驟製作。

1　準備像上方插圖一樣的木製或鐵網製箱子。為了避免下雨時溫度下降，上方最好有蓋子。底部請直接放在地面上，不留空隙，方便幫助分解的蚯蚓或其他蟲類由箱子底部進入。

2　最好準備 2～3 個箱子。第一個箱子倒入新的垃圾、第二個箱子裝 3～4 個月後已經分解完畢的堆肥。第三個箱子裝已經完成的堆肥，施肥時直接使用。我在第一個箱子裝滿後，會將一些垃圾移至第二個箱子。這樣可以讓空氣進入，有助於加速分解。

3　製作訣竅是將材料乾濕交錯，一層一層地交互重疊。首先鋪一層乾葉子，然後放入廚房的生廚餘（蔬菜、茶葉、咖啡渣、麵粉、剩菜、麵包等），魚類及肉類不可放入。然後加入修剪下來的花草、康復力等

容易分解的軟材料，但是有種子的雜草不可放入。植物的莖、小樹枝、稻桿等纖維質較硬的材料，可以折一折再堆疊上去，這樣能讓氧氣進入加速分解。接著再依照上述的順序重複堆疊。

4　夏天比較炎熱時，為了避免堆肥溫度上升而太過乾燥，可以不時澆一些水。

5　2～3 個月後，將內容物整個倒過來移到另一個箱子中，減少分解不均的問題。然後靜置 3～4 個月，直到整個內容物變成黑色、鬆散的狀態，分量變為箱子的一半就完成了。

● 想製作鹼性堆肥，可以混入草木灰或石灰，增加礦物質鉀。

● 要讓堆肥完全發酵，空氣、濕度、溫度的管理非常重要。

● 可不時加入康復力或雞糞，加速分解。

● 聞到土壤的味道、發現蚯蚓，或是有熱氣散出，就表示堆肥正在順利發酵。如果堆肥看起來擁擠結塊、發出惡臭，或是太過乾燥，就代表發酵不佳。

▌自己做康復力液態肥料

　　康復力又稱聚合草，葉子含有許多能幫助植物成長的養分，是一種可以成長高達 1.5 公尺的多年生草本植物。喜歡日照良好、具保濕性的肥沃土壤。這種草很容易栽種，不需要特別照顧。它的根系可以深深抓住土壤，甚至能存活 20 年之久。沿著樹叢圍籬、只要是稍有遮蔭的地方都可以生長，但是不適合用盆栽種植。康復力的葉片大量且茂密，一年可採收 3～4 次。想用其製作庭院堆肥，只需要種 3 株就足夠。

　　康復力含有豐富的鉀元素，是植物開花結果不可欠缺的營養素。其含量甚至是一般家畜堆肥的 2～3 倍。其他氮、鈣、磷、碳酸鉀等含量也相當豐富。

　　英國在二十世紀初開發康復力的運用方法，並由知名的全國性農業組織──亨利達勃狄基金會 HDAR（Henry Doubleday Research Association）推廣普及到全世界。現在康復力對想要打造有機庭院的人來說，已經是重要的植物營養補給品，以及必備的有機肥料。

　　康復力的葉子幾乎沒有纖維質，所以很容易分解，浸泡於水中會變成深色液體，是一種可以直接使用的植物營養劑，其中含有豐富的元素如下：

氮＝促進葉片生長
磷酸＝促進根系生長
碳酸鉀＝促進花朵及果實生長

● **作法**

1 在大塑膠桶中放入一半康復力葉，加水蓋上蓋子。
2 靜置 2 個月後（夏天只需 1 個月），會得到黑色的液體，過濾之後就能直接使用。

● **使用方法**

★ 康復力液肥加水稀釋 4 倍，直接澆在植物根部。夏天開花的一年生草本植物，如果澆太多液肥，反而會促進葉片生長而不開花，要特別注意。

★ 施肥頻率：盆栽植物或玫瑰一週澆 1 次，盆栽蔬菜一週 2 次。種在地面的夏季蔬菜及一年生草本植物約一個月澆 1 次。

★ 用此方法也能製作液態堆肥。將 2 個大鐵鏟分量的新鮮或乾燥雞糞（牛糞），放入網袋泡水一週即可。雞糞、牛糞可到農家收集，也能在園藝用品店買到乾燥糞便。

將康復力的花朵及葉片泡在水中，就會變成黑色的液體。

April
4月

庭院裡的水仙，讓我想起童年在英國度過的春天。

4月

消除煩惱和不安

Fritillaria
黃花貝母

「植物的每一片葉子上都有天使停留，
弓著身子並虔心低語著
『快快長大、快快長大吧』。」

——猶太法典《塔木德》

Every blade of grass has its angel that bends over it
and whispers grow, grow, grow.

——The Talmud

四月的英文是「April」，源自一個有「展開」之意的拉丁文「aperire」。而對我來說，春天不只是花開的季節，也是一個將心打開的季節。

隨著氣溫上升，櫻花貝殼般的粉色花苞綻放，櫻花前線*正緩慢地向北海道遷移。櫻花一開，每個人都感覺到寒冷的冬天即將進入尾聲。大家會帶著便當到櫻花樹下野餐，抬頭欣賞香氣高雅、綿延一片的淡粉色的櫻花天幕，享受讚嘆這美麗的風景。大原的溫度比京都鎮上低二～三度，因此想看到櫻花盛開的景象還要再等等。

在春假即將結束的早晨，太陽從大原鄉村東邊高聳的北山探出了頭，燦爛輝映大地。我到庭院裡，看著楓樹上長出的新芽披著朝露閃耀。這陣子天氣愈發溫暖了，樹木嫩葉也紛紛開展。我在後院石牆花園的石縫間，發現葡萄風信子開出藍色的花朵。被紅色及黃色三色堇簇擁的陶缽中，紅色及黃色鬱金香的葉尖正蠢蠢欲動；貝利氏相思的枝條上也垂掛著一串串檸檬黃的花球。

我在庭院中閒晃，摘下前晚枯萎的三色堇，順便拔一拔盆栽的雜草，然後將滿是雜草的土塊搬到森林花園的單輪推車上。這個花園位於北側，種著喜歡遮蔭的草木。我在鐵筷子前面駐足了一會兒，陽光突然從布滿樹結的老梅樹枝條間灑落。聖誕玫瑰淡淡的粉色，讓我想起英國森林裡的顏色，聯想到童年的記憶。

我坐在木製鞦韆上，回想很久以前的某個

春天。我一直到十三歲為止，都生活在鄉村，由一位叫做叮叮的保姆照顧。春季天氣好的午後，叮叮會帶著我跟弟弟，到家裡附近的原野或森林去散步。剛出生的妹妹凱洛琳，則坐在嬰兒車裡一同出遊。外面氣溫還有點低，妹妹會穿著保暖的衣服，我們沿著家附近的田間小徑走，在路上尋找春天的徵兆。看到矮樹叢圍籬上開著小花，濕漉漉的蕨類葉子在陽光下閃耀，野山楂長出美麗的橄欖綠葉子。

有天散步時看見一隻野兔往森林跑去，我和弟弟拋下嬰兒車、跑去追兔子。進入樹林後，一整片藍鈴花在眼前展開，隨著春天輕柔的微風搖曳；森林裡到處散布黃水仙的花叢。雖然兔子跑掉了，但我們在森林裡玩起捉迷藏，被發現就會尖叫著逃跑。

玩累了覺得肚子餓，就聽到叮叮呼喊我們回嬰兒車旁。為了怕我們肚子餓，叮叮事先準備紅茶裝在保溫瓶中，還帶了全麥麵粉做的餅乾。凱洛琳在嬰兒車裡睡得香甜，查爾斯跟我則在旁邊鋪一張蘇格蘭格紋毯，坐著吃餅乾休息。有時候也會直接躺下，看著蔚藍的天空。這種時刻我會感覺到心裡輕飄飄的，貪婪地大口呼吸周圍的新鮮空氣，感受活著的幸福。

小時候我最喜歡待在總是滿臉笑容的叮叮身旁，也因為有她，即使母親不斷再婚，我也不會覺得生活有很大的變化。叮叮對我們兄弟姐妹來說就像是第二個母親。她教會我們很多重要的事，微小如刷牙，或者是對莊園裡所有僕人都要有禮地道謝等。

每年到了春天，我就會想起童年在藍鈴花與黃水仙裡遊玩的回憶。日本不像英國一樣隨處可見黃水仙花叢，每年我都會在庭院裡自己種一些。秋天預先買好黃水仙的球根，種在樹木及灌木類植物周圍，三月到四月之間就會慢慢開花。春日午後，我很喜歡坐在庭院中欣賞黃水仙。

植物會隨著每天日照漸漸延長而有所變化，每天都可以在庭院裡找到新發現，這段時間大地正在覺醒。我起身往花園裡走去，寶藍色的琉璃苣花朵旁，藍色的矢車菊也開花了。黃水仙、藍色的勿忘草、鬱金香也都盛開。陽光溫暖大地，我想「差不多該為即將到來的夏天播種了」。

打造庭院的第一步，應該是勇敢踏入未知的世界。不管是誰都需要花很多年的時間慢慢累積知識，才能夠感受並理解周圍及體內的自然原理。

人生一帆風順時，庭院可以帶給我們莫大的喜悅。相反的，遇到人生的低潮，庭院也是能讓我們忘記煩惱的所在。覺得受傷、心情低落，我就會來到庭院。照顧植物的同時，一邊感受大自然的偉大與美麗，不知不覺就忘了自己的煩惱。

＊編註：日本春天的氣象預報中，會將櫻花同時開放的地點連成一線，在地圖上推移，預報各地花季時間。在日文的氣象用語中「前線」即「鋒面」。

{鬱金香}

今天早上，在庭院裡發現一位小小訪客。

有隻小青蛙像躺在搖籃般，躲在鬱金香的花苞裡休息。

我搬到大原後就下定決心不再使用任何化學製品。
也許植物、小鳥、蟲子以及小動物們都知道這件事，
因此總是放心地到我的庭院中遊玩。

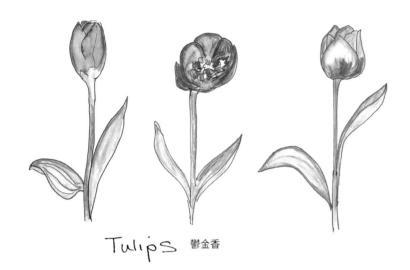

Tulips　鬱金香

{與美麗同行}

當我前行、當我前行
宇宙也與我同行
宇宙優雅美麗地漫步在我之前
宇宙優雅美麗地漫步在我之後
宇宙優雅美麗地漫步在我腳邊
宇宙優雅美麗地漫步在我頭頂
美無所不在
當我前行、美麗也與我同行

（納瓦霍族＊禱詞）

＊編註：納瓦霍族為美國西南部原住民族。

{櫻花}

當櫻花前線持續北上，櫻花的花苞也開始一朵一朵凋謝。

每天早上醒來後，我會打開窗簾看看田地是否降霜。

走到一樓觀察溫度計，還只有五度而已。
心想現在還不適合把香草搬到室外，晚一點再開始播種吧。

照顧庭院，耐心是一項必要的修鍊。
「靜心等待，北風總有轉南時。」

Primrose

歐洲報春花

Tulip

This morning I found a very welcome small visitor in our garden.

A little frog was resting in a tulip hammock swaying in the breeze.

I made a promise to myself when I came to Ohara never to use any chemicals in our home and garden. I think that many of the plants, birds, insects and small animals know this, and feel that it is safe to come here.

Heart's ease Pansy
三色菫

As I Walk with Beauty

As I walk, as I walk
The universe is walking with me
In beauty it walks before me
In beauty it walks behind me
In beauty it walks below me
In beauty it walks above me
Beauty is on every side
As I walk, I walk with beauty.

(Navajo prayer)

Sakura

The buds of the sakura open one by one as the cherry blossom front moves slowly north.

Every morning I wake up, open the curtains and look to see if Jack Frost has appeared last night in the rice field beneath my house.

I go downstairs and check the temperature gauge. It's still five degrees so I know it's still not safe to bring out the indoor herbs and sow seeds. Gardeners need to be patient.

Everything comes to those who wait.

左）花園深處的鐵線蓮。
上）種在老屋屋簷瓦片上盛開的三色菫。
右）把開完花的水仙葉片綁在一起，暫時這樣放著。周圍是勿忘草。
左下）葡萄風信子從石縫竄出，盛開如瀑布。
右下）白色鬱金香周圍有三色菫襯托。

琉璃苣 ★喜悅的香草

天空變成漂亮的淡藍色，大原鄉村也漸漸變得明亮。早晨，停在楓樹上的鳥兒們快樂唱著歌。我在庭院中漫步，向花朵們一一問早，然後發現琉璃苣開始結出琉璃色的花蕊。

星形的琉璃苣花朵集中在一起，看起來真的很漂亮。想到客人看到應該會很開心，於是我摘下一些琉璃苣製成冰塊。

琉璃苣原產於地中海沿岸，它的葉子富含礦物質鉀、鈣質等，食用可以調整人體荷爾蒙分泌、改善更年期症狀。我會將琉璃苣的嫩葉加入沙拉中，或用來泡花草茶，能幫助退燒、解除壓力及不安。在一杯白酒裡放入一根琉璃苣的穗叢或兩片葉子，喝完會覺得精神百倍。

琉璃苣可以給人帶來勇氣與喜悅。

● 栽種訣竅

耐寒的一年生草本植物。喜歡大量日照，但稍有遮蔭的地方也能生長。適合肥沃、排水良好、具保濕性的土壤。建議一個月施加一次液肥，隨時都可以採收。

★琉璃苣可以驅除番茄的害蟲及青蟲。

★蜜蜂非常喜歡琉璃苣。

Borage

夏日琉璃苣蘋果西打
Summer Cider Cup

一款非常適合搭配夏天烤肉的清爽飲品。不喜歡喝酒的人可以用蘋果汁代替蘋果酒。

材料
氣泡礦泉水……600ml
蘋果酒……500ml
君度橙酒……3 大匙
檸檬（切片）……適量
桃子（切片）……適量
草莓（切片）……適量
琉璃苣葉（切細碎）……10 片
琉璃苣花（裝飾用）……適量

作法
1 除了氣泡礦泉水，將所有材料及琉璃苣花放進玻璃水瓶，將水瓶放進冰箱中冷藏約 2 小時。
2 飲用前加入氣泡礦泉水。倒進杯子後用琉璃苣的花朵裝飾。

艾草鬆餅
Yomogi Pancakes with Azuki Bean Paste

四月初的時候，大原田埂和土坡上都有艾草的蹤影。這是一道可以快速完成的點心，我兒子非常喜歡。

材料（4 人份）
艾草（汆燙）……50g
麵粉……50g
蕎麥粉……5 大匙
雞蛋……1 顆
牛奶……120ml
泡打粉……1 小匙
砂糖……1 大匙
鹽……少許
紅豆泥……1 碗
鮮奶油……依喜好添加

作法
1 艾草洗淨後瀝乾，用熱水快速汆燙一下，葉片不可變色。用冷水沖洗後瀝乾（此狀態計量 50g）。
2 艾草加牛奶用果汁機攪打至滑順。
3 麵粉、蕎麥粉、發粉過篩後倒入作法 2，加入打散的蛋液、鹽、砂糖拌勻。
4 平底鍋加熱少許油，或在鬆餅機上倒入作法 3，做成直徑約 10cm 的橢圓形，用小火煎烤（想做紅豆泥、鮮奶油夾心，可以煎薄一點）。
5 等到鬆餅表面出現密布的小洞，翻面繼續煎。
6 在煎好的鬆餅上放紅豆泥或夾起來，依個人喜好加鮮奶油。

Mugwort

艾草 ★ 春天的香草

我深刻感受到艾草的力量是在很久之前。有一次長時間爬山過後，我全身精疲力盡，腳非常疲痛。於是我去了一個「艾草溫泉」，只是在那綠茶色香草浴裡泡半小時，全身疲憊就完全消失了，變得非常有精神。艾草的力量令我感到驚奇。

像人一樣，地球上每一種植物，都有它獨特的神奇力量。同樣的香草可能在世界上不同的國家出現，但也都有不同國家專屬的使用方式。

艾草對盎格魯‧撒克遜人來說是九種神聖香草之一，可用來驅魔。相傳有個叫做「白魔女」的香草療法家，會在壺盆中放艾草置於玄關。在中國，乾燥的艾草不只能治療感冒，也能減輕風濕症狀。日本從江戶時代起，就會將艾草製成艾絨施行灸法。

春天我會採集艾草的嫩葉，來製作蛋糕或奶昔。夏天我會將它連莖一起採收，吊起來風乾乾燥，用於香草浴。艾草有消炎的功效，可以緩和出疹或濕疹等皮膚症狀，也能紓緩過敏及氣喘。

不管身心有什麼疾病，一定會有相應的植物能緩和治療──大自然就是這麼深奧又慈悲。

● 栽種訣竅
耐寒的多年生草本植物。繁殖力非常旺盛，因此我不會在庭院中栽種，只是讓它在家中一隅自然生長。記得要在開花之前採收。
★艾草可以驅離蛞蝓、小菜蛾的幼蟲（高麗菜害蟲），以及折翅蠅的幼蟲（紅蘿蔔害蟲）。

Salad Burnet

沙拉地榆 ★ 爽朗的心

　　最近在世界各地可以吃到的蔬菜種類愈來愈多了。我上次回英國時，在超市裡看到京水菜、紫蘇等多種日本香草，讓我非常驚訝。

　　我兒子很喜歡吃沙拉，因此我特別打造一個小型沙拉菜園。為了做出好吃的沙拉，菜園裡種了紫蘇、京水菜、芝麻葉、義大利巴西利等植物，其中有一種名為沙拉地榆的珍貴香草。

　　沙拉地榆原產於歐洲，據說可以保護身體不受傳染病侵害。現在，香草愛好者則喜歡將它裝飾在沙拉上，或是製成烤魚的醬料。沙拉地榆含有豐富的維生素 C，可以預防牙齒劣化，也有解熱的功效。

　　在庭院快被黑夜吞噬之前，我到外面摘了一些沙拉地榆。想用像裙擺一般纖細的葉子，裝飾今天晚餐的沙拉。

● 栽種訣竅

結出種子就可以慢慢採收，一整年都會持續生長的多年生草本植物。在春天及初秋播種，播種間隔約 10 公分。喜歡日照充足、輕質土壤。在天氣酷熱的地區種植，最好選擇稍微有遮蔭的地方。可以從外側的葉片開始採收，採收方法是從葉片連莖摘下。為了讓植株葉片茂密，請從根部剪除看起來即將開花的莖。

香草甜瓜優格沙拉

Melon and Cucumber Mint Salad

孫子們來玩的時候，我經常做這道沙拉前菜。薄荷及優格有助消化，對腸胃很好，孩子們看到一口大小的哈密瓜球也都好開心。哈密瓜原本的甜味與薄荷清新的辣味是絕妙的搭配。

材料（4 人份）
哈密瓜……小的 1/2 顆
小黃瓜（去皮亂刀切塊）……2 根
小番茄（切半）……8 顆
新鮮綠薄荷葉（裝飾用）……3 根分量
新鮮沙拉地榆葉……2 根分量

優格沙拉淋醬
| 法式沙拉醬……3 大匙
| （自選食用油 2 大匙、鹽和胡椒少許、
| 醋或白酒醋 1 大匙、砂糖 1 小撮）
| 優格……1 杯
| 蜂蜜……1 大匙
| 鹽、胡椒……少許

作法
1 將優格沙拉淋醬的材料均勻混合。
2 哈密瓜去籽，果肉用湯匙挖成球狀。
3 哈密瓜、小番茄、小黃瓜裝盤，淋上優格沙拉醬，裝飾綠薄荷葉及沙拉地榆葉。

Chamomile

洋甘菊紓壓泡浴包

Bath Bag for Relaxation

春天洋甘菊盛開，我就會製作這款泡澡用的香草包送給親朋好友。用洋甘菊泡澡，皮膚會像絲綢一樣滑嫩。洋甘菊能滋潤乾燥及敏感的肌膚，燕麥及米糠有助於緩和濕疹和肌膚問題。

材料

乾燥洋甘菊（花與葉）……1 大匙
乾燥迷迭香葉……1 大匙
乾燥百里香葉……1 大匙
玫瑰或薰衣草……1 大匙
燕麥……6 大匙
紗布……15x15cm
緞帶……適量

作法

1 香草用手捏細碎，加入燕麥拌勻。
2 用紗布包起作法 **1**，綁上緞帶束緊。
3 泡澡時放入澡盆中。將香草包拿來搓揉肌膚，滋潤效果更好。

★乾燥的花朵與燕麥再加一些純水，放入果汁機中打碎，就是最好的臉部去角質霜。

洋甘菊 ★ 代表忍耐的香草

　　小時候我最喜歡的童話故事是「彼得兔」。故事中小彼得兔吃了太多生菜肚子痛，兔媽媽就讓他在床上躺下，泡了一杯熱洋甘菊茶給他喝緩和腹痛，使他容易入睡。

　　我開始喝洋甘菊茶，是在懷孕後害喜嚴重的那段期間。害喜是身體為了清除體內異物所產生的自然反應，但是持續嘔吐及頭痛使我非常不舒服，所以想找一個自然的方法緩和不適。喝下洋甘菊茶以後，可以減輕症狀，讓身體放鬆下來。這件事讓我學到，身體不舒服最好的特效藥是忍耐與放鬆。

　　洋甘菊除了泡茶，還有許多用途。洋甘菊花朵可以做出非常適合金髮用的潤絲精，也可以預防皮膚搔癢及頭皮屑。眼睛腫的時候，則可以用洋甘菊的茶包濕敷在眼瞼上消腫，並淡化黑眼圈。

● 栽種訣竅

羅馬洋甘菊是耐寒的多年生草本植物，能長到 20～30 公分高。德國洋甘菊也能耐寒，但為一年生植物，可以長到 60～90 公分高。不管哪一種都最適合種在排水良好、略微肥沃的砂質土壤中。盛夏炎熱的開花時節，植物油脂會集中在花朵裡，是採收最佳時機。
★洋甘菊可以驅蚊，並可吸引益蟲的草蛉。

Dandelion

西洋蒲公英 ★貞潔的香草

早晨土坡上的草沾滿露水，像鑽石一樣亮晶晶閃爍著。蒲公英開花了，我想摘一些來做沙拉，於是將它們連根摘起，在路旁的小溪將泥土稍微洗淨。

蒲公英據說是三千萬年前在歐亞大陸進化而來，由於葉片呈鋸齒狀，英文取名「Dandelion」，意思是獅子的牙齒。

古代的傳統民間療法中，蒲公英是用來治療黃疸、肝臟疾病、便祕的藥材，有強健體魄的功效。

蒲公英近來被當作一種食材，受到廣大的歡迎與好評，將營養充足的葉子加入沙拉非常好吃。其根部有促進消化的功效，而且能強健肝臟。晒乾後放進烤箱烘烤，還可以製成帶有咖啡香味但沒有咖啡因的飲料。蒲公英的花也可以拿來釀酒。

我在草叢中坐了下來，採一朵蒲公英、吹散銀白色的棉絨，視線追尋著它們飛散的方向。

● **栽種訣竅**
蒲公英不管在任何地方都能生長，生命力強韌。
★蒲公英可以幫助果樹及許多植物，引來幫助它們授粉的昆蟲。
★高麗菜旁邊如果種有蒲公英，蚜蟲比起高麗菜會更喜歡吃蒲公英，能使高麗菜保持完整。

蒲公英咖啡
Dandelion Coffee

春季天氣晴朗的日子裡，我喜歡出門尋找蒲公英。收集蒲公英的根，可以用來泡咖啡。

作法
1 將蒲公英的根收集起來洗乾淨，待根部完全乾燥後，將其剁碎、用烤箱烘烤一下。
2 用咖啡磨豆機或食物調理機研磨成細粉，保存在罐子裡。
3 在咖啡濾紙上放蒲公英粉，依照一般泡咖啡的方法，倒熱水沖泡。

問荊／馬尾草 ★ 春天的珍味

馬尾草潤絲精

Horsetail Hair Rinse

一到春天，在屋子附近茂密的草叢，就能看見問荊的蹤影。村裡的人會趕緊採收這個春天才有的珍味，等過一陣子後就會長出名為杉菜的嫩葉。我去年才知道，英國自古以來就把杉菜當作潤絲精使用。杉菜富含形成毛髮需要的二氧化矽，可以促進毛髮生長，使其強健並維持健康。杉菜製成的潤絲精無法久放，請盡早使用完畢。

作法

1 煮沸兩杯水，放入 8 根帶莖杉菜。
2 熄火加蓋燜放 30 分鐘，過濾後放入玻璃瓶中保存。
3 使用時，按照平常洗髮的順序，倒洗髮精在手中，再倒一些作法 2 混合、用來洗髮。為了使有效成分能直達髮根，記得要好好按摩頭皮。

嫩葉接受太陽熱辣的親吻後，每一株都精神奕奕地站著。我蹲下身想摘一些問荊，輕柔的春風吹過我的髮梢。我看到春天的珍味──問荊，在草叢間探出來頭。

問荊有孢子狀的莖，是一種可以追溯至恐龍遠古時代的植物。在英文中問荊叫做馬尾草，這是因為古代夏天時，人們會把問荊綁在牛或馬的尾巴上驅趕蒼蠅而得名。

到了夏天，問荊會長出一種被稱為杉菜的羽毛狀嫩葉。我會把熬煮杉菜的汁液，作為頭髮潤絲精使用，其中富含一種叫做二氧化矽的礦物質，可以強健毛髮，使毛髮變粗增量，據說還能預防白髮。問荊也可強化關節、韌帶、指甲。用杉菜泡茶喝，可以利尿、降低體溫，也能紓緩便祕、咳嗽。

我回到廚房，想起英國在春天是大掃除的季節。中世紀的時候，據說英國人會用問荊來清洗鉛錫合金馬克杯。

我到西班牙花園中坐下、刷洗鍋子，想著春天真的到了，嘴角揚起微笑。

● 栽種訣竅

問荊在許多地方都會自己生長，不需要特別栽種。建議在其葉片鮮嫩、枝條還沒落下之前就採收。

Horsetail

Watering Can.

▍植苗要點——幼苗移植訣竅

「做園藝工作時心中要充滿愛。沒有愛的人生，就像沒有太陽關照的庭院。」

——王爾德（1854～1900）

我經常會用不一樣的觀點來看自己的庭院。園藝工作，就像在繪製一幅不斷改變的畫作。隨著季節轉移，樹木會長大、灌木叢變得茂密，種子會自己飛散到意想不到的地方生長，就像在觀賞一場大自然的魔法。

種植多年生香草時，從植苗開始栽種更容易成長。羅勒或細菜香芹一類的一年生香草，直接用種子栽培就能長得很快。而奧勒岡、百里香、迷迭香等多年生香草，用種子種植則要花很長的時間才會生長。此類香草建議直接從園藝店買幼苗種植，或用扦插的方法栽培。如果想把香草幼苗種在花盆裡，一定要選擇根系健康的植株。如果根部是白色、看起來生長良好，沒有僵硬結塊，植物就能茁壯成長。

花壇規劃

1 決定想種植的植物種類與顏色，會長比較高的植物要種在花壇內側。
2 種植的植物數量最好選擇 3、5、7 奇數，畫面看起來比較均衡。
3 種植的時候要思考植物成長後的高度，事先確保植株的間隔。
4 可以將喜歡的植物，分別種在不同方向。到了開花期就可以觀賞到華麗的演出。植物依據光照強度不同，開花時間也會有所差異。例如面西的植物，會比面東的植物更早開花。

植苗

1 要將植物移種到花壇時，建議選擇陰天或雨天，避免幼苗過於乾燥。夏天植苗在氣溫開始下降的下午三點之後最合適。
2 冬天植苗，要先觀察香草的耐寒特性。有些植株需要放在室外屋簷下幾天，讓植物適應戶外溫度後再移植。
3 移植前幼苗要徹底澆水。如果幼苗的根系在花壇或盆栽中結塊變硬，可以用小鋤頭等工具翻鬆後再取出。
4 植苗時要先在土裡挖洞，若土壤不夠濕潤，可以在洞裡先澆一些水，再將幼苗放入洞中，然後用手仔細埋好固定。
5 移植的時候可以一邊輕聲跟幼苗說「快快長大吧」，這樣植物會成長得比較好。
6 植苗後的前 3 週，土壤需保持植株不會泡水的濕度。

等著要移植到土壤裡的香草苗。

▍春季播種須知

「播種請排成一列。一個原因是為了鳥兒們，另一個原因是使枯萎的花朵葉片順利腐爛。還有一個原因是這樣能使植物長得又大又好。」

——佚名

大原漫長的冬日終結之際，我會靜心等待庭院裡的梅樹花苞漸漸變成淡粉色。裸露的地表到處散落枯黑的樹枝，庭院裡還是光禿禿的狀態。但黃水仙的綠色嫩芽已經開始萌發。

植物開始生長的時間，由它們自己決定，但氣溫還沒上升到 7 度以上、日照尚短時，它們幾乎不會有任何成長，因此在那之前只能耐心等待。等到冰凍的土壤融化，持續好幾天晴朗溫暖的天氣，讓土壤乾燥後，差不多就是將庭院整理乾淨的好時機了。此時我會將乾枯的枝葉都撿起來，庭院小徑也用掃把掃乾淨。

這個季節每天都可以發現過去累積的春日之美，是一個美好的季節。而在這個季節，我每天的功課就是拔除所有剛冒出頭的雜草。拔草同時我會一邊觀察蠢蠢欲動的雪花蓮、番紅花、櫻草嫩芽，翻一翻花壇及菜園的土，並且混進一些堆肥。

低溫的季節結束，日照時間變長，溫帶的原生植物也會開始生長。植物暴露在接近 7 度的大氣裡連續幾個小時以後，植物內在的某樣東西似乎會跟著覺醒，並且開始生長。因此播種或植苗的最佳時機，最好還是仔細傾聽自然的聲音。過去人們也會耐心等待春分到來，才開始進行庭院的工作。

促進發芽

● 體積比較大的種子，在埋入土裡前可以先泡水。一般來說，會沉到水底的種子繁殖力較強。

● 外殼比較硬的種子也可以先泡水，泡在稀釋液肥中一個晚上更好。液肥稀釋到呈淡琥珀色，有助於種子提早發芽。

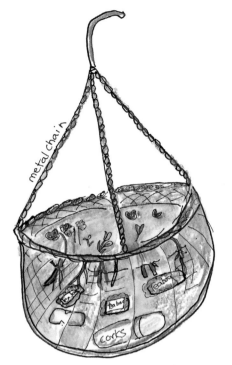

Preparing a Hanging Basket

▍吊籃盆栽

沒有空間設計庭院的人，也可以運用吊籃或盆栽來享受種香草的樂趣。古羅馬人會打造吊籃花園（像露台花園或屋頂花園），或用吊籃盆栽來裝飾街景。

準備一個附鏈子的吊籃，在底部鋪一些青苔或椰子纖維，讓放進籃子裡的泥土不容易乾燥。然後再在上面放一些紅酒軟木塞以及六個泡濕的茶包。軟木塞可以保持排水良好，茶包則可以使泥土保濕。最後放進土壤，就可以栽種香草了。

使用盆栽栽種時務必選擇陶缽。這可以讓植物夏天時涼爽，冬天時溫暖。使用陶缽栽種時，就不需要在底部鋪青苔或椰子纖維。在缽裡放一些軟木塞，不但可以讓排水良好，也能減輕陶缽整體的重量。

夏天時，吊籃盆栽每天一定要澆一次水。

May

5月

花園裡毛地黃、琉璃苣、金盞花盛開，蝴蝶穿梭其間開心飛舞。

園藝的祕訣在於「愛」

Rosa Canina 狗薔薇

快來吧，一瞬花開花謝，
這個世界的存在，如同花朵上露珠的光澤。
——和泉式部*

Come quickly-as soon as
these blossoms open,
they fall.
This world exists
as a sheen of dew on flowers.

——Izumi Shikibu

中世紀的園藝年曆裡，五月是「給予」的月份。有祈求豐收的重要祭典「五月節」（May day，May Festival），英國自數百年前就有圍繞五月柱（Maypole）跳舞祈福的習俗。人們認為樺樹做的木柱可以消除厄運，這個儀式同時也有嚴冬結束，森林裡精靈復活的意涵。村子裡最美的女孩會被選為五月之后（May Queen），並且用野山楂花朵做成舞者的花冠。在這個繁花齊開的季節裡，每個人都感到滿心喜悅。

今天是週六，我早起寫專欄。太陽還沒出來，而且今天是假日，大家都還在睡夢中，只有我坐在書桌前振筆疾書。

經過歷史的推演和發展，庭院逐漸發展成一個能讓身心復活、如同天國的所在。熱愛園藝的心，我想不管在東方或西方，永遠都不會消失。

我第一次接觸園藝工作，大約是六歲的時候。在西班牙住了一年以後，母親與她的第三任丈夫塔德利，買下澤西島的一座農園。澤西島位處海峽群島，是法國布列塔尼半島附近的一個小島。

搬到澤西島後，母親與塔德利繼父委託建設公司，在農園裡增建新的建築物、翻修所有房間。工程結束之後，我們開始在農莊裡養豬、養雞以及種植蔬菜，並且在附近的果園裡種植蘋果、西洋梨、李子等果樹。母親每年都非常努力種植黃水仙及劍蘭，出售到當地的花市。我們每天的功課則是從學校回來後，餵養家畜、打掃豬舍、除草。塔德利繼父非常喜歡小孩子，教導我們許多動物知識和園藝技巧。能夠幫忙庭院的工作，我們感到滿心歡喜。我有個小小樂趣就是用小鏟子翻土，為下一個季節到來而播種。然後從那之後的每天早上都到庭院去，確認種子是否發芽了。

七歲以後，我開始和分離許久的生父定期會面。父親在歐洲買了兩個家，一個是取名為「阿耳戈斯」的小型度假別墅，位於南法普羅旺斯能眺望蔚藍海岸的地區。另一個位於日內瓦近郊萊芒湖畔的阿涅勒村莊，是一座山中小屋。父親和一位漂亮的俄國女性再婚，她的名字叫海倫，是一個很愛笑、個性陽光的人，弟弟查爾斯跟我都非常喜歡這位繼母。

我七～十二歲的暑假，都是在父親瑞士或

法國的家中度過。父親與海倫沒有聘雇任何傭人，過著簡單的生活。兩個家雖然小但都有美麗的庭院，我們常在庭院裡玩耍。我至今都還記得，阿耳戈斯別墅裡的陶缽盆栽。包括氣味香甜的香草、迷迭香、百里香等，我們種了許多做料理可以用的香草。為了方便使用，香草盆栽就放在露台周圍，吸引好多想採集花蜜的蜜蜂及蝴蝶。薰衣草迷人的香氣，讓人覺得似乎不像是這個世界上該有的東西。

在瑞士的家，庭院就面對湖泊，跑到草地盡頭可以直接跳入湖中。圍繞庭院廣大草地的花壇，種有許多紅色罌粟花、矢車菊、雛菊等，都是海倫喜歡的花卉。而庭院的背後，遠方有阿爾卑斯群山聳立。

工作忙碌了一天來到庭院，可以感受到清新的空氣。微風吹拂，樹枝輕晃，生活中煩心的事都隨之被帶走，心靈能慢慢沉靜下來。小時候每次搬家，庭院都是我的歸處。

放下筆走到戶外，天空漸漸亮了起來，我眺望大原鄉村恢復光明的樣子。旭日從周圍的丘陵地溫柔照亮大地，風只是悄悄經過，甚至沒有驚擾到庭院楓樹新生的嫩葉。植物葉子上布滿朝露，閃閃發光。我蹲下身想拔除花壇裡的雜草，突然有一隻淺綠色蜥蜴從盆栽陶缽後面跑出來，眼睛一眨一眨地望著我。

我對牠說「早啊，你要來幫我做園藝工作嗎？」蜥蜴很快就跑開了。天氣愈來愈溫暖，差不多是該把香草種到菜園裡去的時候。我在庭院裡種了很多香草，它們會幫我把害蟲趕跑。植物、鳥兒以及昆蟲等，許多訪客似乎都知道這裡是非常安全的地方。

我坐在庭院裡巨大的花崗岩上，感受這莊嚴的早晨時光。此處充滿各種花朵的色彩及香氣，美不勝收，我內心感受到滿滿的幸福。多年來我在園藝中學習到的每一個課題，都讓我對人生有更深一層的理解。不管是昆蟲、鳥兒、蝴蝶或是植物，來到庭院的每一個訪客，都在大自然的生命之環中擔任要角，這是我從園藝工作學到的道理。使用殺蟲劑及除草劑，會不分敵我滅絕庭院裡棲息的生物。近年來發現，過去為了簡化園藝工作而開發的許多化學製品，會帶來破壞性的結果。人們一味追求美麗的庭院，卻在不知不覺間破壞大自然界微妙的平衡機制。

人類與其他生物一樣，在地球上生活。因為吃下營養的植物，我們得以生存，呼吸空氣、喝水、成長。而樹木及花朵也跟人類一樣，會呼吸、成長。假設所有人都只重視自己的私欲和生活便利，忽視殺蟲劑、除草劑、防蟲噴霧、塗料等化學製品的害處，不僅會對地球造成永久性的破壞，最後有害的物質也將污染我們自身。

花草樹木雖然不會說話，但也和人一樣擁有靈魂。植物能感受到我們的關愛，當我們悲傷或喜悅時，它們也能察覺。人類必須對地球上所有生命懷抱敬意，不只是用大腦理解，也要確實用心去感受。如果能夠認識隱藏在自己體內的生命力，就能感受到所有生物內在的生命力。對周遭的植物與人，都要給予溫柔和敬意滋養其成長，就像我們溫柔對待自己或所愛之人一樣。有些人覺得園藝很困難，但其實它的祕訣就在於「愛」。遵循大自然原理的園藝技巧非常簡單，而且它能教會我們，如何用正確的方式，回饋作為我們生命之源的地球。

＊編註：日本古代女詩人。

95

{和煦的微風}

今天早晨我騎著自行車沿著河道往星期日的早市去。

五月涼爽的微風從比良山吹來，
路旁的花草搖曳、展現初夏的活力。

遠遠看見一面鯉魚旗，悠遊於人生的波濤上。

單單只是活著，我就感到無比幸福。

Anemone
銀蓮花

{五月末了}

太陽緩緩升起，從窗簾縫隙流洩的溫暖陽光讓我睜開了眼。
我下樓走進庭院，走進我那小小的樂園。

空氣還冷冰冰的，
我趁大家在睡夢中，摘下枯萎的花朵，嗅聞花朵幽微的香氣。

我為花壇上的植物疏苗，替有高度的植物架設支柱，開始做梅雨季的準備工作。

放慢呼吸的速度，內心就能感受到一片沉靜。
我想我們能夠呼吸，並得到生命的賜予，就是最大的奇蹟。

{能讓人安心的庭院}

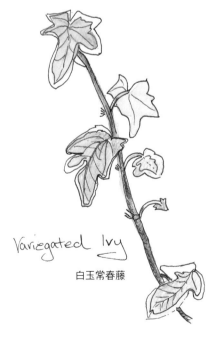

Variegated Ivy
白玉常春藤

早上的太陽從京都北山升起、掛在半空中。
來到庭院，楓樹的嫩葉上沾滿朝露一閃一閃發光。

我蹲下身想拔除枯草。
突然有隻綠色小蜥蜴從盆栽後面竄出，
牠圓滾滾的眼睛一眨一眨地望著我。
我向牠道了聲「早安」。
「你是來幫我做庭院的工作嗎？」
小蜥蜴卻開心跳著舞離開了。

這陣子的天氣都很溫暖，
也差不多該把能驅蟲的香草移植到菜園裡了。

Kunpu

Early this morning I rode my bicycle along the riverside on my way to the Sunday morning market.

Kunpu, the refreshing wind of May, blew down from the Hira mountain range. The plants on the wayside danced with the energy of early summer.

The carp streamers in the distance were riding the waves of life.

I just felt so happy to be alive.

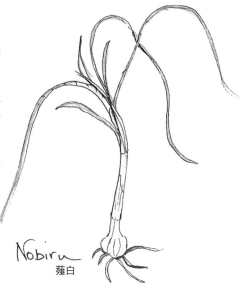

Nobiru
薤白

Late May

The warm rays of the sun filter through my curtain, waking me up as the sun rises slowly in the sky. I go downstairs and walk through the small paradise of my garden.

The air is still cool so while everyone still sleeps, I snip the flowers that have passed away. I breathe in the delicate fragrance of each flower.

I begin to prepare the garden for the rainy season, by thinning out the flowerbeds and staking some of the taller plants.

My breath slows down and serenity fills my heart within. The greatest miracle is our breath and the gift of life.

A Safe Garden

One early morning, the sun came out from the Kitayama hills and hung in the air. I walked in the garden to see the fresh green leaves of the maple trees glistening in the dew.

I kneeled down to pull out some couch grass and suddenly a little pale green lizard scampered out from behind a flowerpot. His eyes were blinking. "Good morning," I said. "Have you come to help me in the garden?" He sped happily away.

The warm growing weather we have been having recently reminds me that it's time to plant the herbs in the vegetable garden that help to keep the unfriendly insects away.

放慢生活步調，盡情享受日本花園裡花朵的香氣，是我最快樂的時光。

Dokudami

魚腥草 ★ 有助排毒的香草

英語學校的學生，曾經泡魚腥草茶給我喝。日本自古就用作藥草的魚腥草，日文名有累積毒素（阻止）之意。由於擁有十種藥效，因此又稱為「十藥」。

我啜飲一口魚腥草茶，有點苦、而且有種奇妙的味道。之後過了好多年，我才赫然發現，圍繞我大原的家中的矮樹叢圍籬以及遮蔭處，長有許多魚腥草。我把它們採集起來晒乾，跟乾燥綠薄荷混在一起泡魚腥草茶，會變得比較容易入口。

魚腥草茶持續喝一段時間，可以排出體內累積的毒素，使血液循環變好、免疫細胞活化。一般認為能改善痢疾、支氣管炎、瘧疾、肺炎、發燒、高血壓、心臟病等多種疾病。

我也會用乾燥魚腥草葉泡澡。研究顯示，它可以紓緩皮膚病、水腫、泌尿器官感染、面皰、化膿、香港腳、蚊蟲叮咬、膀胱炎等症狀。魚腥草葉榨出的汁液，還可以緩和香港腳、濕疹、痱子。

因為多樣化的功效，我非常珍惜庭院的魚腥草。

● 栽種訣竅

耐寒的多年生香草。魚腥草繁殖力強大，在日本各地都能生長。5～6 月間會開出優美的白色花朵。春天開花以後，可以選擇晴天採收葉片。

魚腥草蘆薈保濕化妝水
Citrus Aloe Astringent with Dokudami

據說埃及艷后就是將蘆薈加入乳液中為肌膚保濕。蘆薈有治療傷口、促進細胞再生的功效，古埃及人視為永恆的植物。朋友想美曾送給我一瓶魚腥草化妝水非常好用，因此我自己嘗試加入柚子籽與蘆薈，自製保濕化妝水。

材料
白酒……1800ml
蘆薈（庫拉索蘆薈效果最好）……100g
新鮮魚腥草葉（撕細碎）…約 100 片
柚子籽或橘子籽……30 顆

作法
1 將蘆薈洗淨、晒乾。
2 所有材料用白酒浸泡，靜置在陰暗處 2 個月。
3 過濾作法 2，分小瓶保存，放入一小段蘆薈裝飾。

Coriander

香菜＆檸檬香茅除臭劑

**Natural Coriander &
Lemongrass Deodorant**

時序來到大地萌芽的季節，庭院就會冒出香菜的嫩芽。每年我都會採收香菜晒乾，方便來年播種。多年前曾讀到化學除臭劑對健康有害，所以我都會自製除臭劑。

材料
芫荽……1 杯
蒸餾水……2 杯
檸檬香茅精油……20 滴
薰衣草精油……10 滴
絲柏精油……5 滴
桉樹精油……5 滴
檸檬桉葉或檸檬香茅葉
（新鮮或乾燥）……5 片

作法
1 將蒸餾水煮沸，加入芫荽籽與檸檬桉葉繼續煮 10 分鐘後過濾。
2 加入所有精油，充分攪拌均勻。
3 放涼後倒入有噴嘴的玻璃瓶中。

芫荽／香菜 ★熱情的香草

太陽西沉隱身在山的另一側，我到庭院裡採收晚餐要用的芫荽。芫荽有強健體魄及整腸的功效，從鐵器時代之前，就被當作刺激的辛香料使用。

我只要晚飯做了香辣的料理，外子正就會想吃新鮮的芫荽葉。因此冬天的時候，我也會在小型的簡易溫室裡種一些芫荽苗。它像裙擺的可愛葉片，天氣涼爽時反而長得比較好。

芫荽籽也很實用，把蒜頭壓碎加入芫荽、胡椒拌炒，很適合搭配辛辣的蔬菜料理或咖哩。印度甜酸醬（Chutney）、普羅旺斯雜燴、香腸等料理，加入芫荽籽增添風味也很好吃。此外，香菜也可以增加琴酒、蕁麻香甜酒的香氣。

外子二十幾歲時與芫荽相遇，那是在一趟印度的漫長旅行中，每天吃的料理都有芫荽裝飾。回到日本後他開了一間叫做「DiDi」的印度料理店，並把芫荽當作辛香料加入咖哩中。

事實上，這間餐廳也是我與外子相遇的地方。變化就是人生的調味料。

● **栽種訣竅**
耐寒的一年生草本植物。喜歡排水良好、具保濕性且略微肥沃的土壤。春天一整天都喜歡日照良好的地方，夏天則喜歡稍有遮蔭的地方。高度長到 12 公分後即可採收，如果認真剪除所有長花的莖枝，整個夏天都可以採收。若想採集芫荽籽就讓它開花，等秋天結籽後，從根部割除晒乾即可。
★芫荽可以驅離蚜蟲及折翅蠅（紅蘿蔔害蟲）的幼蟲。

野草莓 ★ 森林中的香草

童年的暑假，我都會與住在瑞士的父親一起度過。有一天早上，父親叫我起床一起去散步。走在美麗的森林中，只要小徑旁發現野草莓，我就會把它們收集起來放在籃子裡。

人與動物自太古時代就會食用野莓。原產於溫帶地區的莓果栽培，似乎始自古代波斯。莓果有強力抗氧化作用，維生素及礦物質含量豐富。

野草莓不只好吃，還能製作改善油性膚質的清潔化妝水。用來敷臉不僅可以鎮定日晒過度的肌膚，還有美白及淡化斑點的功效。此外，我有時候會用野草莓來刷牙，去除牙齒表面的色素沉澱。

我家庭院裡，有許多蜜蜂及蝴蝶忙碌飛舞。我叫孫子喬去採一些野草莓回來，想要放在草莓鬆糕上，裝飾可口的下午茶點心。

● **栽種訣竅**

可以伏地栽培的多年生草本植物，只要枝條延伸就會愈長愈多。喜歡肥沃且排水良好的土壤，北方適合種在日照良好的地方，南方則喜歡有遮陰的地方。春天可以將枝條分割，間隔 30 公分扦插增植。結出果實後可以在周圍撒一些自製堆肥。為了讓野草莓結出更多莓果，出現果實要趕快採收。

Wild Strawberry

野草莓清潔乳
Strawberry Cleansing Milk

這是一款有鎮定功效的清潔乳，能夠改善肌膚斑點、面皰、油性肌膚。野草莓也可以用一般草莓代替。因為是新鮮草莓，做好後請當天使用完畢。

材料
草莓……200g
牛奶……150ml

作法
1 將所有材料放進果汁機攪打。
2 用化妝棉沾取，抹在肌膚上。

★野草莓當中有一種叫做蛇莓。這種莓果不能食用，但是可以緩和蚊蟲叮咬疼痛。在一個中型瓶子中放入 6 片艾草葉以及 10 顆蛇莓，然後倒滿白酒。於陽光無法直射的地方靜置 1 個月後，過濾即可使用。保存期限為一年，可直接塗抹在蚊蟲咬傷的部位。

元氣抹茶餅乾

Matcha Cookies

我總是要喝了外子為我泡的日本茶，才正式開
始我的一天。這道抹茶餅乾是我們家的人氣點
心，在炎熱的午後享用可以恢復元氣。

材料（約 15 片）
麵粉……175g
抹茶……2 大匙
泡打粉……1/2 小匙
鹽……少許
無鹽奶油……120g
紅糖……8 大匙
水……1/2 大匙
雞蛋（打散）……1 顆

作法
1 將麵粉、抹茶、泡打粉、鹽過篩後放
  入碗盆。
2 無鹽奶油、紅糖、水充分拌勻，用小
  火加熱，融化後熄火。
3 作法 2 冷卻後放入作法 1 的碗盆中，
  倒入蛋液揉成麵團。
4 將麵團分整成多個小圓球狀，排在烤
  盤紙上。
5 烤箱預熱 200 度，放入麵糰烘烤 10～
  15 分鐘。

Tea plant
茶樹

綠茶 ★ 清爽的香草

才覺得雲好像變亮了，太陽就從山巔露出臉，陽
光和煦地降臨在大原鄉村。我正等待朝露蒸發，好從
庭院的茶樹採摘軟嫩的葉子。

紅茶及綠茶都是古老的香草茶，兩種都從茶樹上
採摘，烘炒葉片製成。亞洲人自古以來，幾乎每天都
會飲用。一般認為紅茶和綠茶，都有預防心臟病及腦
中風的作用。

茶樹在十二世紀傳到日本，由榮西禪師帶回，他
在《喫茶養生記》中寫到，茶對五臟都有益處，可以
改善大腦機能以及骨質密度，對消化不良和紓緩疲勞
也有功效。

茶在寒冷的時候可以溫暖身體，炎熱的時候則能
降低體溫，悲傷的時候給人帶來元氣，也可以讓高漲
的情緒沉靜。在中國甚至有句諺語「清晨一杯茶，餓
死賣藥人。」

● **栽種訣竅**
可耐寒的矮木，喜歡排水良好的酸性土壤。適合日照良
好，或稍有遮蔭的地方，在乾燥季節要澆一些水。一年
可收穫三次，用春天第一次採收的嫩芽，製成茶葉品質
最佳。第二次收穫在 6、7 月，第三次在 8 月。

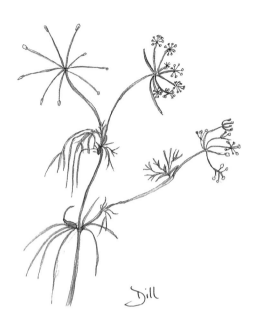

Dill

蒔蘿 ★ 可以讓心沉靜下來的香草

很久以前的一個夏天中午，和家人坐在無花果樹下野餐。嬸嬸為我們準備了農夫午餐（Ploughman's lunch，英國輕食），拿出切達起司與小黃瓜的蒔蘿醃製醬菜。她出身東歐，是製作醃製醬菜的達人。

常聽人說「蒔蘿可以幫助消化，使人放鬆」。也有人教我，將蒔蘿稍微炒過以後泡茶，改善嬰幼兒打嗝很有效。嬸嬸也曾經要我去庭院採些蒔蘿回來，加入煙燻鮭魚、羅宋湯或新薯*等菜餚。蒔蘿也和蘋果醋的味道很搭，做成沙拉淋醬非常美味。

後來我又學到，蒔蘿能強化指甲。可以把乾燥蒔蘿籽煮出的汁液放入碗盆中，加入 3 滴山茶花油一起混合，然後把手指泡在碗盆中。

蒔蘿有「平息」及「靜下心」的意思。那個夏日午餐我吃得好滿足，不禁開始打起瞌睡。我就這樣閉上眼睛，進入夢鄉。

＊編註：未完全成熟就收割的馬鈴薯，水分多、口感軟滑。

● 栽種訣竅
耐寒的一年生草本植物。喜歡日照充足的地方，在排水良好、具保濕性且肥沃的土壤中會生長得很好。蒔蘿的外觀和茴香很像，最好不要種在一起。它的種子不一定都會發芽，種植難度較高。夏天要注意不可讓土壤乾燥，播種 2 個月以後可以開始採收葉片。
★蒔蘿會吸引益蟲食蚜蠅。
★蜜蜂很喜歡蒔蘿。

蒔蘿馬鈴薯沙拉
Potato Salad with Dill

這是我的私房食譜中最簡單的沙拉，搭配烤香腸一起吃非常美味。

材料（4 人份）
馬鈴薯⋯⋯中型 4 顆
洋蔥（切碎丁）⋯⋯1 大匙
巴西利（切碎）⋯⋯1 大匙
新鮮蒔蘿葉（切碎）⋯⋯1 大匙
蒔蘿籽⋯⋯1 小匙
美乃滋⋯⋯5 大匙
鮮奶油⋯⋯1 大匙
鹽、胡椒⋯⋯少許
新鮮蒔蘿葉（裝飾用）⋯⋯適量

作法
1 馬鈴薯不削皮放入水中，用小火或中火燙熟（依大小不同約需 20～30 分鐘），煮至可輕鬆刺穿後撈起。去皮後切 7mm～1cm 條狀備用。
2 洋蔥加入巴西利、蒔蘿、蒔蘿籽混合，再加入美乃滋、鮮奶油，用鹽、胡椒調味。
3 作法 1 加入作法 2，小心拌勻別讓馬鈴薯變細碎，靜置 1～2 小時入味。
4 盛盤，用蒔蘿葉裝飾。

金蓮花養髮液
Nasturtium Hair Tonic

家裡都沒有人的安靜午後，我會用這款養髮液來護髮。使用之後頭髮會變得強韌有光澤。

材料
水……4 杯
連莖問荊葉……中型 4 根
金蓮花的花、葉……各 3 個
連莖鼠尾草葉……1 根
山茶花油……2～3 滴

作法
1 煮一鍋滾水，放入連莖問荊葉煮 15 分鐘，過濾煮好的汁液備用。
2 趁熱將作法 1 與所有香草混合。
3 放涼後再過濾一次，滴入山茶花油。
4 頭髮用洗髮精洗過後，直接敷上養髮液，停留一下子再沖洗。也可以不沖掉養髮液，直接將頭髮吹乾。

金蓮花 ★ 勝利的香草

我四歲的時候，全家搬到一個西班牙的莊園居住。有一天午後，庭院中飄蕩著海風帶來的香甜氣味，我被花香引到屋外。溫暖的陽光邀請蝴蝶與蜜蜂前來，牠們在色彩豔麗的金蓮花上飛舞。

金蓮花在數千年前生長於安地斯山脈，十六世紀時西班牙探險家將其帶回歐洲。金蓮花含有豐富的維生素 C，安地斯山的原住民會用金蓮花的葉子煮茶，治療咳嗽、感冒、流行性感冒等呼吸道疾病。

用整株金蓮花熬煮的汁液，可以作為養髮液使用。直接把葉子拿來洗臉，或將葉子磨碎熬煮汁液，可以活化肌膚，消除起疹子或面皰的疤痕。嫩葉及莖可以做成香草沙拉吃。花朵可以直接食用，或剁碎做成美味的香草奶油。

四歲的我安靜著看著沐浴在夕陽餘輝中的金蓮花，然後將它摘下做成花束，去找我的母親。

● 栽種訣竅
半耐寒的一年生草本植物。雖然喜歡全日照，但種在稍有遮蔭的地方更好。適合不太肥沃、排水良好的土壤。開花後可以採收花朵及葉片。
★ 可驅離蚜蟲及小菜蛾幼蟲，但會吸引益蟲食蚜蠅。

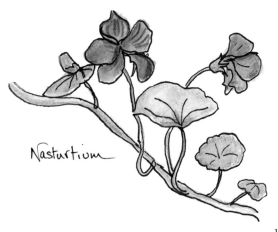

Nasturtium

老舊的熱水壺或橄欖油罐都可以用來作為盆栽缽。
愛用的園藝工具，我會經常上油保養。

A garden scoop

園藝挖勺

香草十大培育技巧

「批評別人的庭院，
自己家中庭院的雜草也不會變少。」
——英國諺語

阻止雜草增加

　　雜草繁殖力很強，為了不妨礙香草生長，必須定期除草。早春等到氣候回暖能開始進行戶外作業時，將雜草趁早拔除非常重要。可以收集地面上的落葉及枯枝，和雜草一起丟入堆肥箱。一年生的雜草，只要在雜草種子飛散前將其拔除，很容易就能根絕。我會把庭院的花壇編號，每天花 10 分鐘輪流除草。種子飛散前的雜草，可以丟入堆肥箱中分解；但如果是已經結出種子的雜草，則要燒成灰燼再丟入堆肥箱。

● 方法

★ 長在庭院小徑細縫中的雜草，可以在 4 公升水中溶入 1/2 杯鹽巴，然後澆灌在雜草上，雜草就會慢慢減少了。

★ 庭院石板這類細縫，若種植普列薄荷，就不容易長出其他雜草。但普列薄荷不能食用，要特別注意。

★ 《自然農法：一根稻草的革命》作者福岡正信，建議在田地裡覆蓋稻稈，可以預防雜草發芽。不需要挖除草根，只要割草後鋪上稻稈。依據他的理論，這樣就可以使土壤變肥沃，環境本身便能幫大自然找回原本的平衡。

立支柱

　　五月快結束時，毛地黃、百合、矢車菊等會開花的香草，植株成長較高，可以為他們架設支柱。為了預防梅雨季或颱風的強風，支柱非常重要。用繩子以 8 字形綁法，將莖綁在支柱上，支柱高度不要超過植物比較美觀。

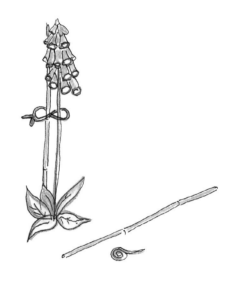

摘花

　　早上摘花，是最有趣的園藝作業之一。

● 方法

★ 將盛開過後即將枯萎的花全部用剪刀剪除，其他花朵會開得更美。

★ 玫瑰修枝要剪去離枯萎花朵最近的葉子（5 片為一組的嫩葉）。在剪去部位最近的花苞上方修枝，該處又會結出新花苞。

將稻稈或用舊的草蓆鋪在田裡，雜草就不容易生長。

壓枝

多年生香草不管莖堅硬或柔軟，都可以簡單用壓枝的方式來讓植物增生，例如鼠尾草、迷迭香、馬郁蘭、冬季香薄荷、百里香等。

● **方法**

a 選擇一個靠近地面、強壯且柔軟的枝條。

b 用洗衣夾或 U 形夾將枝條壓在地上。若枝條太粗，可從距離主莖 20～25 公分處，由下方斜割一個切口，枝條比較容易彎曲。

c 放置 4～6 週，等到枝條長出根，再小心剪開從母株分離移植。

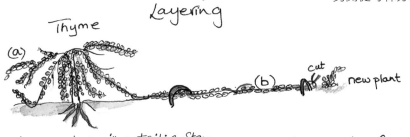

a) Layer a herb with a trailing Stem

b) Pin it down with a wire hook into the soil.

After the roots form in the Soil Cut the stem to make another plant from the new root.

扦插

芳香天竺葵、薄荷、管蜂香草都可以用扦插的方式增生。剪下約 7 公分的莖，插在有水的花瓶中，放置約一週，待其長出根就可以直接種在土裡。貓薄荷、月桂樹、薰衣草棉、迷迭香、帚石楠、薰衣草、茉莉花、忍冬等植物，雖然較為困難，但運用下面的方法還是可以進行扦插。

● **方法**

1 迷迭香、薰衣草切下約 7 公分的枝條，葉子只留枝條最上方 1/3，其他都摘除。

2 準備一個小盆栽缽，放入透氣佳的柔軟土壤，澆水使其濕潤。為了減輕重量，可在土壤中混入一些砂質（也可使用蛭石＊）。

3 將枝條扦插於盆栽缽中。

4 幾週後等枝條長出根部再進行移植。

5 取出新苗的時候，要用葉子包覆住莖的方式拿取。將新苗枝條直接埋入地裡的洞穴中，然後壓實周圍的土壤。

1 春天進行扦插時，枝條要選擇從中心往外延伸，最少有 5 片健康葉子的部位。

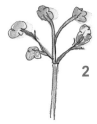

2 剪下的枝條摘除下方 2/3 的葉子，種到盆栽缽前靜置 2～3 小時使其乾燥，枝條會更強壯。

＊編註：一種天然、無毒的礦物質，高溫下會膨脹，屬於矽酸鹽。蛭石有離子交換的能力，能增加土壤養分。

分株

　　有球根的草本植物，每 2～3 年一定要進行分株。新的葉子只會從外側長出來，因此分株時，每一株都要包含中心及外側部分。大的植株可以在秋天分株，就不會長得太過茂盛。分株時要將整株植物挖出，直接用手分開，也可用挖勺等工具輔助，直接移植到新的地方，或者送給朋友當禮物也不錯。

常見的香草疾病

　　香草疾病多半是濕氣太重所引起。只要通風良好，香草就能健康成長，並抑制害蟲及疾病擴散。香草若繁殖得太過茂密，日照及通風都會變差，因此必須定期除草、修枝。

　　澆水的時候不要直接從上面灑水，而是要從莖的根部給水。如果在植物表面披覆太多水分會不容易乾燥，而且潮濕的環境會讓細菌容易附著。液肥可以賦予植物活力，還可以讓植物擁有抵抗力。因此必要的時候，可以給植物澆一些康復力液肥。或是在西洋蓍草等染病植物周圍種一些康復力，增加植物活力。

植物染病對策

落葉病：疏苗。將葉片斑點密集的植株拔除。
白粉病：梅雨季時檸檬香蜂草、羅勒、管蜂香草容易染上的疾病，這段時間一定要確保植株之間的透氣性。如果已經染上白粉病，可以在植株上噴灑牛奶。
鏽病：薄荷的葉片上，有時會出現赤紅色斑點，必須整株挖取丟棄。
害蟲：蛞蝓、蝸牛等，會吃蔬菜葉子的幼蟲都要清除。

修枝

　　多年生的香草在春天要進行大規模修枝是基本技巧。這不僅可以促進成長，同時也是為了避免植物在一個地方長得過度茂密。另外，也有趁機修除冬天受傷的枝條的作用。香草若是有定期採收，某些種類就不需要修枝。

Pruning Herbs

芸香、檸檬馬鞭草、鼠尾草、馬郁蘭、百里香、綠薄荷、聖約翰草
秋天將枝條修剪到剩 1/3，隔年春天則修枝至新芽長出處。

海索草、迷迭香、薰衣草、金雀花
開花後修剪 3 公分，春天也修剪 3 公分。

小白菊、洋甘菊、瓜拉尼鼠尾草、鳳梨鼠尾草、管蜂香草、奧勒岡
開花後修剪至離地表 5 公分，隔年春天會再次開花。

細菜香芹、羅勒、薄荷、檸檬香蜂草、玫瑰天竺葵、巴西利、芫荽
春天快結束的時候要頻繁摘心，可使葉片生長茂密。

覆蓋

　　覆蓋是指在土壤上進行遮蓋，使雜草不容易生長，還可以預防水分過度蒸發，守護土壤表層。覆蓋不但能節省澆水時間，減輕園藝工作的負擔，冬天還可以保護植物免於寒害。最適合覆蓋土壤的材料，是充分發酵過的牛糞或雞糞、沒有雜草的自製堆肥、粗糠、稻稈等。

　　夏天覆蓋，可預防土壤乾燥，地面不會受到陽光直射，也可以抑制雜草發芽。運用堆肥、腐植土等有機材料覆蓋，最後都能轉變成土地的養分，而且還能促進分解，讓土壤鬆軟。這樣一來夏天香草的根部可以保持涼爽，冬天的時候也能防寒。在日本，若能在十一月下旬以及早春進行覆蓋，效果會很好。

　　覆蓋之所以能夠改善土質，是因為蚯蚓會吃下覆蓋物進行分解。種在盆栽中的植物也建議加上覆蓋。一年當中若能在早春及晚秋進行兩次覆蓋，庭院一整年都能有充足的養分。

可用於覆蓋的有機肥材料

● 方法

1 將地表雜草清除乾淨。

2 選擇適當的覆蓋材料。
　鹼性土壤＝堆肥、粗糠、蛋殼
　酸性土壤＝腐葉土、茶渣

3 在地表覆蓋至 5 公分厚度。一些較脆弱的香草植物莖碰觸到覆蓋材料容易腐爛，請避免碰觸植株的莖。

冬天防寒對策

冬天想將不耐寒的香草放在庭院，可用稻稈進行覆蓋。

腐葉土、茶渣

蛋殼

砂礫或小石頭

堆肥

粗糠

111

6月
June

在陽光普照的大原鄉間散步，就好像在天堂散步。

6月

繁花盛開的庭院

'Bright Star' Lily
百合

蝶舞薰翅蘭花香
　　——松尾芭蕉（十七世紀）

Lady butterfly
Perfumes her wings
By floating
Over the orchid

　　　　——Matsuo Basho (17th century)

六月自古以來就被認為是最適合結婚的時節。六月的英文「June」源自婚姻的守護神、羅馬神話中的女神「朱諾」（Juno）。當春天接近尾聲，鄉村花園中各種粉彩色花朵盛開，感覺就像美麗青春的少女一般。當季節慢慢向夏天轉移，後方的西班牙花園，則會展現如女神朱諾般堅強、開朗又成熟的女性之美。六月是庭院裡繁花齊開的季節，每種香草都開出花朵，四處散置的盆栽及花壇有色彩明亮的百合和大紅色天竺葵。

想將自家庭院打造成一座成熟豐碩的花園，需要耐心、想像力，以及與所有生物產生共感的能力。除此之外，不僅要仔細理解每一種植物的需求，還要能感受大自然本身微妙的平衡。所有生物都跟人類一樣，如果我們能夠靜下心來傾聽身邊植物的脈動，就能了解每種植物適合生長的場所，以及各自不同的需求。

最近庭院裡的益蟲和小動物好像都減少了，令人覺得有些悲傷。打掃時樹枝及石頭之間一片落葉也不放過，會變得過度清潔，使庭院中自然的環境減少。將雜草植物全部清除，想讓庭院一塵不染，反而讓可以幫忙植物生長的小生物無處躲藏。

和人類一樣，植物與動物也需要在非人工的自然環境中生活。我們看到翠綠的樹木會感受到自然之美，心也會安定下來。進入山林，它沉靜與強大的力量，給人一種超越時間的安心感。在湖邊，我們則可以感受到水的生命力。將自己置身於大自然，這樣寧靜舒服的感受會不斷自體內湧現。相反的，若身處大自然遭到破壞的環境，便會覺得心情無法安定，很快就感到疲累。

今天早晨我在樹鶯叫聲中醒來。太陽從比良山慢慢爬升，溫暖的陽光微微從窗簾透進室內。我走到一樓打開玄關走入庭院，空氣還是冷冰冰的，我趁家人都還沒起床，開始庭院的工作，準備迎接梅雨到來。

首先，為了讓花壇的植物有空間呼吸，進行疏苗的工作。然後為一些因為花朵重量垂下來的植物架上支柱，預防它們因大雨彎曲或凹折。進行工作時我一邊望向庭院，淡粉紅色、藍色、淡紫色等清涼色系的花朵，在早晨陽光自東方升起的光線輝映下，展現最美麗的姿態。而白色的花朵，則是在夏天夕陽時分最引人注目。暗夜來臨前，會讓白花看起來閃閃發光。庭院的栽種計畫，色彩是最重要的要點之一。黃、紅、橘色等暖色系花朵，種在盛夏陽

光由西方照射之處，最顯耀眼。

之後我來到西班牙花園，欣賞一道明亮陽光中，於陡峭石壁上盛開的血紅色及黃色百合花。樹鶯已停止鳴叫，但是可以聽見蜜蜂在粉紅色蔓性玫瑰附近拍翅。蔓性玫瑰甚至蔓延到家裡後方的屋瓦上，我坐下來看著蜜蜂在玫瑰花之間忙碌飛舞。

後院是按照我在西班牙生活一年的回憶所設計，因此命名為西班牙花園。我四歲的時候，母親與第二位繼父塔德利在西班牙巴塞隆納近郊，一個叫做錫切斯的城鎮租了一間宅邸。至今我還清楚記得那個家外觀，牆壁全部是白色，傢俱是用樸實堅固的松木製成。

我從當地幼稚園放學後，經常在掛有蚊帳的床上午睡。蟬在橄欖樹上不斷高聲合唱，在我沉睡的時光裡，太陽依舊毫不留情地直射房子。幾個小時以後，我在窗外山鳩的咕咕鳴叫聲中醒來。去尋找仍在午睡的奶媽叮叮，她切了一些甜瓜讓我在午餐之前墊墊肚子。西班牙的午餐時間是下午三點，晚餐則是晚上十點。因為用餐時間很晚，我們多半在吃飯前就飢腸轆轆。

我們家經常在庭院裡一棵大無花果樹下用餐。西班牙涼亭（Gazebo）的邊欄爬滿了粉紅色玫瑰，幾乎覆蓋整座亭子。我到現在都很懷念這種戶外用餐的樂趣，在西班牙的用餐規矩和客人都不多，使人能盡情享受。

母親那時剛與繼父塔德利訂婚，處於熱戀的幸福中。不知道是否因為常與開朗溫厚的西班牙人接觸，母親變得非常熱情，比以前更開放，心情也整個放鬆下來。母親暫時忘卻自己是英國貴族柯松家的一員，回歸原本的自我。

母親的料理天賦覺醒也是在這個時期。她每天都跟叮叮到附近的市場採買新鮮甲殼類與蔬菜，沉浸於烹飪的樂趣中。午飯過後天氣還是很炎熱，在傍晚涼爽的海風吹來之前，我們會繼續午休，然後晚上十點才開始吃晚餐。我們家是一個六人大家庭，因此母親會煮分量特別多的西班牙海鮮燉飯。晚飯之後，弟弟查爾斯和還是嬰兒的妹妹凱洛琳會被哄著入睡，我則常央求母親帶我去看佛朗明哥舞表演。雖然只是偶爾被帶去酒吧，我還記得當時舞者們的活力令我大開眼界。

這些都是我想透過庭院好好守護的美麗回憶。中庭裡藍色灰泥（Stucco）盆栽缽中綻放紅色的天竺葵；西班牙涼亭周圍種有茉莉與玫瑰，被花的香氣包圍。每次看著西班牙花園裡的那口井，我的心就回到了遙遠的西班牙。

空氣突然變得悶熱，我望向天空，遙遠的高空中浮著幾朵淡紅色的雲彩，讓我想起一首牧羊人的歌。

「夕陽火燒般的天空令牧羊人喜悅，朝霞的天空則是對牧羊人的警告。」（這首歌在說火燒般的晚霞預示將有晴天，朝霞則代表天氣即將惡化。）

接下來的日子會開始下雨吧，可能是梅雨季快來了，也可能是有颱風接近。在炎熱的夏天來臨之前，上天安排的梅雨季，幾乎每天都會幫庭院澆水。雨水能將天空及水流洗淨。為了青蛙魚兒，以及所有在水中和水邊生活的生物，雨水充滿了小溪、湖泊與河川。草木生氣蓬勃，森林、原野及農田都變得清新嫩綠，好不美麗。

園藝就像是在創作一幅不斷改變的畫作。隨著季節遷移，草木逐漸成長。有時早上起來，會發現暴風雨將庭院的一部分摧毀了。但是不需要洩氣灰心，而是可以把它當作新生的機會，讓我們能重新打造一座更美麗的庭院，甚至是人生。

{打造庭院，培育幸福}

昨天陽光直射太強烈，接近傍晚時我給庭院澆了些水。
我的視線停留在琉璃苣的藍色花朵上，
心想差不多該把夏天的花苗種到花壇了。

庭院工作可以讓喘不過氣的心情慢慢沉澱。

栽種花草對我來說就像是培育幸福。

紫露草

Spider Wort

{梅雨}

梅雨是炎熱夏季來臨前，
上天賜予大地雨水的季節。

雨會將天空及河流洗淨。
雨水充滿河川及湖泊，青蛙、魚、鴨、蜻蜓幼蟲等，
所有在水中生活的生物都滿心歡喜。
草木生氣蓬勃，
森林、原野及農田青青嫩綠，洋溢一片清新美麗。

我一邊聽著雨聲，在房間裡寫日記。
「太陽對小黃瓜有益，雨水對稻子有益。」

{地球是我們的庭院}

今早我在大原的家中醒來，
覺得整個世界像是被施了魔法。

高高掛在空中的太陽，
將我身邊所有深綠色的森林、山谷，都灌注了滿滿的光明。

雉雞在田野間自由散步，草地上初夏的野草開滿花朵。
陽光非常溫暖，散步時微風輕柔吹拂我的臉龐。

陽光、新鮮的空氣、美麗的大自然，將我溫柔包圍。
這些都滲進我身體的每個細胞，讓我真實感受到
「地球是我們每個人的庭院」。

Shasta Daisy

大濱菊

Plant a Garden, Plant Happiness

The sun was shining, brightly lighting up the sky. So yesterday in the late afternoon, I watered the garden. The blue flower of the borage plant caught my eye. "It's time to start planting out the seedlings for the summer garden," I thought.

We can easily give our busy mind a rest by working outside in the garden.

Plant a garden, plant happiness.

Plum Rains

The rainy season is the time when nature decides to water its garden daily, before the hot days of summer begin.

The rain cleans the air and the waterways. The water fills up the streams, lakes and rivers for the frogs, fish, ducks, dragonflies and all the other animals that enjoy living and playing in water. Plants and trees grow vigorously and the lush green of the forests, grasslands and rice fields are beautiful to the eye.

I sit inside and write my diary while listening to the patter of the rain. Sun is good for cucumbers, rain for rice.

毛地黃
Fox Glove

The Earth Is Our Garden

I woke up this morning in Ohara, and the whole world looked to me as if something magical had happened to it.

The sun, already high in the sky, threw its beams over the deep emerald green forested hills and valleys around me.

Some pheasants were roaming freely in the rice fields, and the meadows were filled with early summer wildflowers. As I walked, the sun felt warm and a light breeze gently fanned my face.

I drank in the golden sunlight, fresh air and beauty of nature that were around me. I thought to myself: The Earth is our garden.

Grape Hyacinths wall
garden.

We are all living on this beautiful planet that we call Earth.

我們都一起居住在這個名為「地球」的美麗星球。

當西班牙花園中的雅達諾加塔野薔薇（筑紫薔薇）開始開花，能吸引蜜蜂靠近。

法國龍艾 ★蒿屬香草

　　每年夏天，我們家會從澤西島搭船到布列塔尼半島——美麗的法國基督教地區。母親的興趣之一是去拜訪米其林餐廳，由於嚐過許多法國料理，她的廚藝也愈來愈精進。

　　龍艾是母親經常使用的香草，是塔塔醬、貝亞恩醬（Béarnaise Sauce）等醬汁不可或缺的材料。龍艾在希臘語中有「小龍」的意思，除了加入沙拉及蛋類料理，魚貝類、甲殼類、雞肉料理也經常使用。我很喜歡將龍艾剁碎混在奶油起司或奶油中，用剛烤好的麵包沾著吃，或是將其醃製在白酒醋中也相當推薦。

　　龍艾的生長範圍很廣，從歐洲到印度甚至跨越亞洲，除了可作為進補食材，具有解熱功效，也含有豐富的維生素 A、C。

　　母親用餐時，我們八個孩子會到戶外仰望萬里無雲的靛藍色天空，看著天空慢慢變黑，月亮及星星慢慢升至高空中。

● **栽種訣竅**

可耐寒的多年生草本植物。喜歡日照及排水良好、肥沃的土壤，種在有一點斜坡且石頭多的地方最為理想。法國龍艾不喜歡旁邊有其他植物生長，因此我大多種在盆栽裡，沒有風雨時搬到日照良好的地方，避免其他植物干擾。它不喜歡濕氣及大雨，種下的第一年只有幾片葉子能採收，建議第二年再開始正式收穫。

龍艾起司烤雞
Chicken Surprise with Tarragon

如果手邊有龍蒿，一定要試做這道食譜！不管和法國麵包或米飯一起吃都很美味，還可以搭配一盆嫩綠的沙拉，享受獨特的風味與香氣。

材料（6 人份）
雞腿肉……3 片
鹽、胡椒……適量
沙拉油……2 大匙
蒜頭（磨泥）……3 片
薑（磨泥）……4cm
番茄（切丁）……1 杯
青椒（切丁）……2 個
新鮮龍艾葉或夏季香薄荷葉
（切碎）……3 根＋裝飾用
鮮奶油……3/4 杯
馬札瑞拉起司或披薩專用起司
（磨碎）……100g

作法
1 雞腿肉對半切開，撒上鹽及胡椒。
2 油用平底鍋加熱，雞腿皮那面朝下用大火煎烤。皮變酥脆後，翻面用小火煎熟另一側。
3 加入蒜泥、薑泥、番茄，小火煎至軟爛再加入青椒，繼續煮約 3 分鐘。
4 整體拌勻移到耐熱器皿中，撒上龍艾、淋鮮奶油、擺上起司。龍艾留一些裝飾用。
5 放入預熱 200 度的烤箱，烘烤約 15～20 分鐘直到表面上色。
6 烤好後盛盤，用龍艾裝飾。

French Tarragon

煙燻鮭魚香草歐姆蛋
Herb & Smoked Salmon Omelette

小時候，我與繼父塔德利乘船在塞納河上航行，他要到鎮上的市場去買雞蛋及新鮮的香草。我怯生生地走到鎮上，帶著緊張的心情買到香草及雞蛋後，便趕快回到船上。繼父看到裝滿食材的籃子，臉上堆滿笑意，教我做這道香草歐姆蛋。

材料（4 人份）
雞蛋……5 顆
新鮮細菜香芹、巴西利、龍艾、蝦夷蔥嫩葉（切碎）……各 1 小匙＋裝飾用
奶油……1 大匙
煙燻鮭魚（切厚片）……4 片
鹽、胡椒……少許

作法
1 所有香草混合拌勻。
2 將蛋打入碗盆，加入鹽、胡椒、煙燻鮭魚混合。
3 平底鍋開大火加熱奶油至全部融化，放入作法 2 快速攪拌使其凝固，留下一些裝飾用香草，加入作法 1。
4 將蛋已經熟的部分用煎匙稍微提起，使未熟的蛋液流到鍋子前側，快速做出歐姆蛋的形狀。
5 將歐姆蛋盛到溫熱過的盤子上，撒上香草裝飾。

茱莉奶奶的塔塔醬
Granny Julie Tartar Sause

這是一位親切媽媽所傳授給我的塔塔醬食譜，村子裡每個人都叫她「茱莉奶奶」。

材料
美乃滋……1 杯
紅糖……1 小匙
黃芥末……1/2 小匙
檸檬汁……1/2 小匙
水煮蛋（切碎）……1 顆
酸豆……1 大匙
蒜頭（切碎）……1 片
新鮮巴西利葉（切碎）……1 大匙
新鮮龍艾葉（切碎）……1 大匙

作法
1 將美乃滋、紅糖、黃芥末、檸檬汁放入小碗盆輕輕拌勻。
2 加入酸豆、水煮蛋、蒜頭、巴西利、龍艾，繼續拌勻。

枇杷 ★可以消暑的香草

枇杷自古就流傳有預防食物中毒的功效，因此到了夏天人們會用枇杷泡茶來喝。日本江戶時代的路邊攤，小販兜售枇杷茶時都會以此作為宣傳。在太陽直射的悶熱酷暑，枇杷茶可以消除暑氣。

大原蓊鬱的森林及農地之間，許多地方都種有枇杷樹，它的葉片細長呈深綠色且非常茂密。

用深綠色、大而厚實的葉片製作枇杷香草茶，在夏天能緩和感冒症狀、咳嗽以及支氣管炎。枇杷葉採收後可以晒乾保存，使用時最好先去除葉片背面的細毛，避免刺激喉嚨及皮膚。

夏天我會製作枇杷麥茶。將乾燥的枇杷葉2片，以及麥茶茶包放入耐熱茶壺，然後倒入1公升滾水。浸泡約30分鐘，再放入冰箱冷卻就可以飲用了。

枇杷的葉子可以用來熬藥、濕敷、泡茶、泡澡等。炒過的葉子，可以剁碎直接濕敷在患部，萃取的枇杷精華也可以用來護髮或當護手霜使用。

鳥兒總是第一個享用我家庭院裡的枇杷，但是我一點也不在意。因為只要將枇杷葉採收晒乾，就能泡製充足的香草茶，讓我們全家度過一個涼爽的夏天。如果還有剩餘的果實，我會把它做成果醬或果凍。

● **栽種訣竅**
可耐冰霜的樹木。枇杷樹喜歡日照及排水良好的土壤。

枇杷抗痘化妝水

Biwa & Marigold Skin Lotion

我家有一棵十年前種下的大枇杷樹，採摘較大的葉片，就能做出很棒的化妝水。萬壽菊可以使肌膚變柔嫩、改善肌膚粗糙。刺柏則是能緩和面皰、濕疹，促進血液循環。茶樹有抗菌作用，對痘痘肌和粗糙皮膚有益。

材料
酒精或白酒……1 杯
枇杷葉……10 片
萬壽菊水……2 杯
刺柏精油……10 滴
茶樹精油……10 滴

作法
1 將所有材料放入廣口瓶中，靜置在陰暗處 4～6 個月。
2 過濾作法 1 的液體，填裝到較小的玻璃瓶中。

★萬壽菊水作法
將1杯乾燥萬壽菊花瓣放入3杯純水中，持續煮沸 10 分鐘，過濾後完成。

防腳氣枇杷足浴

Athlete's Summer Foot Bath

夏天健行過後，把腳泡在熱水裡，可以放鬆腿部和全身肌肉。萬壽菊具有保濕效果，能鎮定晒後肌膚、改善靜脈瘤。茶樹精油可以抗菌，用枇杷濕敷也能紓緩腿部疲勞。

材料
晒乾枇杷葉……1 片
魚腥草葉（新鮮或乾燥）……10 片
萬壽菊……10g
茶樹精油……5 滴
蘋果醋……1/2 杯
滾水……1500 ml

作法
1 將所有材料放入臉盆。
2 把腳泡在作法 1 中 10～15 分鐘，直到感覺放鬆。把腳擦乾後，噴一些薰衣草水會感覺更清爽。

Rose
Geranium

芳香天竺葵 ★ 調皮好玩的香草

檸檬天竺葵慕斯
Lemon Geranium Mousse

我的庭院裡栽種許多不同品種的芳香天竺葵，此處用的是有清爽檸檬香氣的檸檬天竺葵。

晚上的風把雲全部吹跑了。現在頭頂上晴空萬里，太陽就在天空正中央大放光明。

我到庭院去修剪芳香天竺葵。種植芳香天竺葵的重點不是花朵，而是會散發香氣的葉子。它原產於南非喜望峰，可用於驅蟲、預防蛇或蚊子進入家中。

天竺葵種類繁多，每一種都有其獨特香味。有玫瑰、杏桃、柑橘、蘋果、肉豆蔻、檸檬、桃子等，不勝枚舉。庭園裡飄散各種水果的香氣，是不是很像造物主調皮的隨興之作呢。

我會利用芳香天竺葵的葉子，做成甜點或是泡澡。用芳香天竺葵的精油按摩，可以改善血液循環不良、減緩嘔吐感、更年期症狀等。此外，把它帶葉的莖放在垃圾桶底部，會散發清爽的香氣。

材料（4～6 人份）
鮮奶油……150ml
檸檬……1 顆
檸檬天竺葵葉……12 片＋裝飾用
糖粉……175g
吉利丁……15g
水……15ml
L 尺寸雞蛋……1 顆

作法
1 小鍋子加熱用水溶解吉利丁。
2 檸檬削皮，榨出檸檬汁。
3 將檸檬皮、檸檬天竺葵、鮮奶油放在碗盆中隔水加熱，釋出材料味道及香氣，但注意鮮奶油不可過度加熱。靜置冷卻片刻後過濾。
4 把蛋黃及蛋白分開，將蛋白打發。
5 蛋黃加入糖粉打發，再加入檸檬汁。
6 將作法 1、5 拌在一起融合至滑順。
7 作法 6、3 和作法 4 的打發蛋白拌勻，倒入甜點小碗中冷卻凝固。
8 用檸檬天竺葵裝飾。

● 栽種訣竅
不耐寒的多年生草本植物，需要良好的日照及排水，喜歡肥沃的土壤。由於不耐寒霜，冬天最好移到室內栽種。若想放在室外過冬，請用稻稈覆蓋土壤。在春天摘心，枝條可以增生茂密，不久之後莖枝便會抽高，可用竹條做支架。
★換盆到比較大的盆栽中，放在窗邊可以驅蚊。

Sansho

鱈魚佐山椒鮮菇醬

**Cod with Mushroom &
Sansho Pepper Sauce**

今年庭院裡的山椒終於結出果實，我在開心之
餘做出這道美味料理。

材料（3 人份）
鱈魚切片……3 片
金針菇……200g
鴻禧菇……200g
蒜頭（切碎）……3 瓣
沙拉油……適量
山椒果實……1/2 小匙
（或山椒粉 1 小撮）
味醂……2 大匙
醬油……3 大匙
鹽、胡椒……少許

作法
1 鱈魚撒上鹽、胡椒。平底鍋倒一層薄
  薄的油，將鱈魚兩面煎熟。
2 取另一平底鍋倒少許油，拌炒蒜頭、
  金針菇、鴻禧菇，加入味醂、醬油、
  山椒調味。
3 將作法 **1** 的鱈魚放在溫熱過的盤子，
  淋上作法 **2**。
4 用山椒葉裝飾。

山椒／山花椒 ★ 辛辣的山之果實

我在黎明醒來，到庭院去看看有沒有植物需要澆
水。日本常見的辛香料山椒，它的枝幹有刺但看起來
沒什麼精神，因此幫它澆了不少涼水。

很早就在《古事記》*出現過的山椒，強烈辛辣
的風味非常特別。將山椒果實晒乾或做成抹醬，吃了
可以預防寄生蟲、食物中毒，還有溫熱身體的功效。

以乾燥的山椒果實粉末製成七味粉，可以撒在蒲
燒鰻魚或麵條上享用。山椒也很適合搭配油脂多的
魚、豬肉、鴨肉等野味料理。另外，泡腳時加一些山
椒葉，也能治療足癬。

我摘了幾片山椒葉回到家中。打開窗簾，清晨的
陽光瞬間照亮屋內。今日又是一個愉快的晴天。

＊編註：日本最早的歷史書籍，於八世紀編撰而成。

● 栽種訣竅
落葉樹，喜歡生長在全日照、排水良好但偏濕的土壤。
山椒成長之後高度可達 2 公尺，能耐寒至零下 10 度。
需長時間種植後，才會開花結籽，不喜歡換植或修枝。
採收的種子建議乾燥保存。

玫瑰 ★ 愛的香草

Apothecary rose

玫瑰自古以來就是愛與美的象徵。有人說野玫瑰的五片花瓣代表女人一生的五個階段，分別是誕生、少女、母親、賢慧的女性，最後進入永恆長眠。

玫瑰花瓣擁有溫柔的療癒力量與芳香，自古就被用來做成潤膚乳液、乾燥花、使人放鬆的泡澡精油等。某些品種的玫瑰，在花瓣凋謝後，於夏季到秋季之間會結出玫瑰果，可將其製成果醬、糖漿、香草茶，含有豐富的維生素 C，是對健康或大腦很好的補給品。

仔細觀察野玫瑰的花芯，可以看到一種極致的美。這讓我聯想到，只要我們靜心傾聽自己內心最深處的聲音，也能發現美就存在每個人的心中。

● 栽種訣竅

可耐寒矮木。喜歡排水良好且肥沃的中性或弱酸性柔軟土壤中，在無風、日照充足的地方會生長得很好。當天氣變暖時，我會每週噴 3 次自製的有機木醋液，幫玫瑰去除害蟲，使其健康成長。

● 維妮西雅喜歡的玫瑰品種

法國薔薇：英文名稱作「藥劑師的薔薇」（Apothecary Rose），花瓣非常美味，最適合用來泡玫瑰茶、製成果醬。玫瑰茶可以緩和頭痛及宿醉，有抗憂鬱及溫和鎮痛的功效。

狗薔薇（Dog Rose）：一種歐洲野玫瑰。乾燥果實可以做成富含維生素 C 的玫瑰果茶或糖漿。

大馬士革玫瑰：這種玫瑰的香氣特別誘人，我會把花瓣泡入伏特加酒瓶中，製作玫瑰水。玫瑰水可以使心情沉靜，用其洗臉還能讓肌膚變柔嫩。

浜茄子／玫瑰（Rosa Rugosa）：日本的玫瑰品種，我會用這種玫瑰的花瓣做乾燥花。

玫瑰果多C糖漿
Rose Hip Syrup

小時候，我的房裡總是放著一個裝有糖漿的深紅色瓶子，英國的媽媽會給孩子喝這種糖漿來預防感冒。糖漿冬天用熱水稀釋、夏天用冰水稀釋，可以攝取到大量維生素 C。

材料
玫瑰果（乾燥或新鮮）……1kg
朱槿花（乾燥）……100g
砂糖……同萃取液分量
水……2000ml

作法
1 將新鮮玫瑰果摘下洗乾淨，去除毛與種籽，用食物調理機打至細碎。
2 在滾水中放入玫瑰果與朱槿花煮沸約30 分鐘。
3 用過濾袋或四方形棉布過濾，用力擰乾逼出所有水分。
4 測量濾出液體分量，加入等量砂糖。
5 用鍋子加熱，熬煮為喜歡的濃度。煮愈久愈濃稠，可製成果醬或是比較濃的糖漿。
6 裝入殺菌過的玻璃罐中保存。

小白菊 ★ 給予庇護的香草

　　早晨清爽的空氣中，有小蟲子奮力拍翅的聲音。我在庭院裡徘徊，順手摘下枯萎的花朵。突然看到眼前和雛菊非常相似的小白菊，開出可愛的小花了。

　　據說把這種花可以趨吉避凶，趕跑不乾淨的東西。小白菊原產於高加索地區及歐洲東南部，由於它的花朵可耐久放，喪禮時常用來裝飾在棺材周邊。短小白菊香草茶有解熱功效，可以緩和關節炎、風濕痛及生理痛。

　　英國人用這種香草來治療頭痛及偏頭痛，方法非常簡單，在麵包上塗蜂蜜，然後夾一些小白菊的葉子一起吃，就能減輕頭痛。

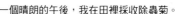

● 栽種訣竅
耐寒的多年生草本植物。喜歡全日照、排水良好且石頭多的乾燥土壤。在預報下霜最後一日往回推算兩個月，要先在室內育苗。蜜蜂不喜歡小白菊的味道，所以請勿種在需要授粉的植物附近。

Feverfew

小白菊蜂蜜三明治
Feverfew Sandwich

我的兩個孩子從小就有頭痛及偏頭痛，我會做這道三明治紓緩症狀。小白菊味道微苦，塗一些蜂蜜比較容易入口。

材料
全麥麵包（切薄片）……2 片
奶油及蜂蜜……適量
新鮮小白菊嫩葉……2 片

作法
1　在麵包塗上奶油及蜂蜜，夾進小白菊嫩葉。

★小白菊藥酒
在空酒瓶中放入伏特加與 20 片新鮮的小白菊葉片，在有日照的地方靜置 10 天。過濾後就可以飲用，一天喝 3 小匙即可。注意孕婦及小孩不能飲用。

一個晴朗的午後，我在田裡採收除蟲菊。

蒜頭 ★ 能量很強的香草

　　今天的天氣非常悶熱。這兩天一直沒下雨，地面也非常乾燥。我走到田裡去，想把桶子裡的菜渣倒到堆肥箱。看了一下田裡植物，蒜頭似乎可以採收了。

　　蒜頭有天然抗氧化物之稱，是料理經常使用的香草之一。它能淨化血液，降低血壓及膽固醇，香味引人食慾。

　　蒜頭原產於中亞，在古埃及被當作珍貴的食材栽種，因為它有預防多種疾病的功效。將蒜頭壓碎，會產生一種叫做「大蒜素」的成分，可以抗菌、防霉。

　　我用小鏟子挖出一些蒜頭，剁碎後做成我們全家都很喜歡的大蒜麵包和湯。孫子喬馬上跑到廚房大聲說道：「肚子好餓喔，我聞到大蒜麵包的香味了！」

　　接受與時間可以讓人心變堅強。

● 栽種訣竅

和洋蔥、紅蔥、韭蔥一樣都是蔥科球根。大蒜喜歡全日照、肥沃的黑土。

10 月時將蒜頭剝成一瓣一瓣，選出較大的蒜頭，根部朝下種入土中，每顆間隔 10 公分。之後新芽會從尖端冒出，覆蓋約 5 公分厚的土壤，到長根前要經常澆水，讓土壤保持濕潤，但也要注意不可太過潮濕讓球根腐爛。

蒜頭順利成長後，土壤表面看起來偏乾也沒關係。待莖葉枯萎變黃，找一個乾燥的日子採收，採收後放在溫暖乾燥的遮蔭處風乾即可。

★把蒜頭種在田裡，蚜蟲及蛞蝓就不會靠近。

Garlic

滋養潤喉蜂蜜大蒜
Garlic Honey

蜂蜜與大蒜都有抗菌作用，能紓緩喉嚨痛及咳嗽。這道蜂蜜大蒜可以一天食用 3 次，每次小孩吃 1 小匙、大人吃 4 小匙。

材料
蜂蜜……35g
大蒜……8 瓣

作法
1 大蒜去皮，切丁約 5mm 大小，和蜂蜜一起放入容器中。
2 保存在涼爽處，靜置數日即可食用。

香草大蒜麵包
Garlic Herb Bread

這款麵包是我們全家的最愛，放上餐桌轉眼就會盤底朝天。

材料
法國麵包……1 根
香草大蒜奶油……適量

作法
1 麵包表面斜斜切入割紋，切口兩側均勻塗上香草大蒜奶油。
2 包覆錫箔紙，烤箱烘烤 10～15 分鐘。

★香草大蒜奶油作法
將 4 瓣大蒜壓碎，拌入 200g 室溫放軟的奶油。把巴西利、蝦夷蔥、細菜香芹、羅勒切碎，在奶油中加入 2 大匙香草及適量的鹽、胡椒，仔細拌勻。

香料栗金團

Candied Chestnuts with Sweet Potatoes

加入梔子果實呈金黃色的栗金團，象徵了繁榮
與幸運，是一道可以帶來好運的點心。這道食
譜是友人玲奈提議加入梔子和肉豆蔻，而開發
出來的。加入少許鮮奶油，做成蛋型，表面塗
上蛋黃烘烤一下，就變成像英國冬天點心的和
風甜點。

材料

地瓜……500g
梔子果實（切開壓碎）……1 顆
楓糖漿……1/2 杯
味醂……1 大匙
栗子甘露煮……10 顆
肉桂粉……1 小匙
肉豆蔻粉……1 小匙
奶油……10g
香草精……數滴
（或萊姆酒 1 小匙）
鹽……少許

作法

1. 地瓜去皮切 1.5cm 厚片狀，泡在鹽
   水中 30 分鐘去澀味。
2. 將梔子果實放入茶包。
3. 地瓜放入鍋中，加水稍微淹過地瓜，
   放入作法 2，用大火煮滾後轉中火煮
   至地瓜變軟，並染成漂亮的梔子色。
4. 將水倒出、取出梔子茶包，趁熱用湯
   匙將地瓜壓碎。可以預留一些湯汁，
   之後視情況加入調整軟硬度。
5. 用小火加熱作法 4，一邊攪拌一邊加
   入楓糖漿及味醂。
6. 加入奶油、肉桂、肉豆蔻、鹽、香草
   精或萊姆酒，攪拌至滑順。
7. 加入栗子甘露煮，慢慢攪拌幾分鐘，
   小心不要讓栗子變碎，拌勻即完成。

Gardenia

梔子 ★ 優雅的香草

接近夏至的一個炎熱午後，我在走往園藝工具室
時，經過茂密的梔子樹。想要一個人靜一靜的時候，
我就會躲到這個工具室來。

周圍充滿舒服的香氣，我不禁滿臉笑意。象牙色
的梔子花終於開出美麗的花朵。

梔子原產於中國東南方，剛開始傳入歐洲時不被
視為香草。但梔子的果實作為中藥使用，已經有兩千
年以上的歷史。梔子的果實被當作黃色的天然食用色
素，用來製作日本的新年料理「栗金團」，把栗子染
成黃色。服用成熟的乾燥梔子果實，可以緩和咳嗽及
感冒症狀、降低血壓。它也有抗菌、抗發炎的抗真菌
藥功效，能促進消化機能，使感染引發的熱度退燒。
但懷孕或正在哺乳的女性，請勿食用。身體有腹瀉症
狀時，也不可攝取過多。

我想要好好放鬆一下，用乾燥的梔子果實煮茶。
一邊望著窗外，一邊慢慢品嚐香草茶，看到鳥兒們叼
著無花果的果實正在大快朵頤。

● 栽種訣竅

常綠的矮樹。喜歡溫暖高濕氣候，最好栽種在稍有遮
蔭、風不大的地方。盛夏會開出白色花朵。約於晚秋結
果，果實轉變成帶紅的黃色就可以採收了。

「祝福你在前進的道路上總是好花常開，每天都有陽光照亮未來。」 ——愛爾蘭祝福語

May flowers always line your path and sunshine light your day. ——Irish blessing

花朵存在的意義

The reason for flowers

我們經常會忘記花朵存在的原因。植物之所以有美麗的花朵,是為了吸引昆蟲靠近,使自己能夠確實授粉、繁衍。昆蟲是傳遞花粉的媒人,植物透過綻放花朵,展現自己的魅力,並且向昆蟲提供充足的花蜜及花粉,增加授粉機會。

也有一些植物是靠風力來散布花粉,如穀類或牧草。除此之外,所有植物都需要昆蟲的幫忙。其中尤其對異花授粉的植物而言,昆蟲的角色更顯重要。幫忙授粉的昆蟲,植物還會給予獎賞。有些植物會提供更多花粉,或用美味的花蜜回禮,來討昆蟲歡心。不管是哪一種花,都滿心期待昆蟲紅娘持續探訪,因此會利用特殊的香氣及花粉味道努力吸引牠們。

花朵美麗的姿態和特殊香氣,都是為了蜜蜂以及我們身邊許多昆蟲所創造出來的。當然,被上天賦予特殊感受力的人類,也能一同享受花朵和昆蟲帶來的好處。我們每一個人的內心深處,生來就具有對美好事物的感受力。你是不是看見夕陽就感覺到幸福?看著蝴蝶圍繞著薰衣草飛舞,就不自覺地微笑呢?擁有貼近大自然的生活,張開雙眼就能發覺周邊美麗的事物,心靈自然會感覺平靜。

July

7月

蜜蜂來到我特地為牠們打造的花園裡，享受薰衣草、
百里香等香草的香氣和花蜜。

7月

尋找幸福的入口

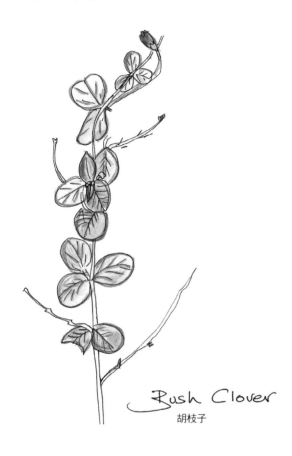

Bush Clover
胡枝子

太陽有益於小黃瓜，雨水有益於稻子。

——越南諺語

Sun is good for cucumbers, rain for rice.

——Vietnamese proverb

七月的英文「July」，語源來自偉大的羅馬皇帝——凱撒（Julius Caesar）。日本的七月經常下雨，只能待在屋內。我會利用這段時間好好休息，拿出一直沒辦法好好閱讀的書，或做一些可以在室內進行的修繕工作。然後將一些怕雨的植物，移到屋簷下。為了能涼爽度過悶熱的夏季，日本的古民宅多半有木製的寬闊雨遮，冬季下雪或梅雨季豪雨來襲時，這個屋簷下的空間就成了植物的最佳避難所。

外來種植物多數無法適應這個多雨的季節。需要在乾燥炎熱天氣採收的薰衣草等，以及庭院裡其他原產於地中海沿岸的香草，都一直在耐心等待七月底梅雨季結束。雨下不停的時候，我會為薰衣草、迷迭香撐起透明傘，以免它們泡水。

等到梅雨季結束，香草們才終於能夠喘口氣。蜜蜂及蝴蝶開始回到這個小小樂園，天氣變熱了，地面也慢慢恢復乾燥。不久之後，香草植物猶如天堂的香氣，再度充滿整個庭院。

我們家位於大原山谷西側，因此白天從南面來的陽光幾乎無法照射到庭院。對於喜歡炎熱、乾燥、無遮蔭的地中海原生香草而言，生長環境並不理想。因此十七年前剛來到大原的時候，為了讓白天的陽光能照到庭院，先是在玄關前打造一個開放空間。挖出大量的泥土來建造停車空間以及步道，然後在周圍建造新的石牆，並將其打造成三個細長型香草花壇，我們將這個區域命名為「走廊花園」。

玄關旁的屋簷下有一個寬闊的空間。夏天可以在此進行香草採收作業，臨時有訪客來訪，也是最佳招待場所。屋簷前方我種了啤酒

花、錦葵、蜀葵等高度比較高的植物，可以使這個空間有所遮蔭，因此非常適合在此跟朋友談天或舉辦午餐宴會。只要坐在桌前就能眺望到東邊綿延的山巒，欣賞它們在各個季節不同的風貌。

我在面南的花壇上，種植矢車菊、罌粟花、射干菖蒲等，這些過去羅馬帝國征服其他國家後帶回的香草。古羅馬人將薰衣草及迷迭香等與原生香草一起栽種，並在日常生活中使用。迷迭香的英文名（Rosemary）是由「Ros」和「Marinus」兩個拉丁文演變而來，意指「海之朝露」。如同生在地中海岩岸一般，從石壁上生長出來的迷迭香，真的會讓人興起幸福的想法。

今年我為了對蜜蜂們表示敬意，打造了一座「蜜蜂花園」。裡面種植許多蜜蜂最喜歡的植物，所以有很多蜜蜂會來拜訪我的庭院，為薰衣草、百里香、海索草、歐夏至草、檸檬香蜂草、迷迭香等香草授粉。不過近幾年來世界各地的蜜蜂數量正在以驚人的速度銳減中，我對此事非常擔憂。

在美國及歐洲已經有些地區的蜜蜂數量減少百分之八十之多，基因改造的穀物、殺蟲劑、除草劑等可能都對蜜蜂有害。最近一項德國研究也指出，手機電磁波有可能會對蜜蜂體內的導航系統產生影響，牠們會因為某種原因失去方向感，無法回到自己的巢穴。聽到蜜蜂會生病，並因此失去方向感，使人非常憂心。我不喜歡蜜蜂因我而死亡，所以我決定若非必要，絕不使用手機。植物要持續活下去，蜜蜂的存在不可或缺。

蜂蜜是令人驚豔的食物，而蜜蜂不只能製造蜂蜜，更是大自然生命之環的重要媒介。因為牠們能夠收集花蜜幫忙授粉，使水果、蔬菜順利成長。自然界中約有八成植物都是仰賴蝴蝶和蜜蜂授粉，對人類來說牠們真的非常重要。如果沒有蝴蝶與蜜蜂，人類或許也無法繼續生存。

鄰近的山區傳來雷鳴聲。大雨像瀑布傾瀉，打在屋頂的灰色石瓦上。雨水幾乎要從落水管中溢出，流進木製水桶中儲存。我望著家門前嫩綠的水田，天空開始變暗。這麼大的雨，不知道薰衣草是否撐得住？撐著傘走到戶外，雨慢慢停了，大地緩緩被黑暗吞噬。在田邊棲息的青蛙家族，開始演奏夜之交響曲。

我心想「對青蛙來說，梅雨季真是一個愉快的季節呢。」

不喜水的薰衣草必須承受雨水有點哀傷，但也有像魚腥草一樣喜歡雨水的植物。每年魚腥草都會在我的庭院四處探出頭來，等待被人採收。

這座庭院就是存在於我內心庭院的反射。園藝工作做得愈久，學到的東西愈多。學習到的東西很多，也發覺原來自己所知甚少。在某種意義上，人生不也如此？隨著年齡增長，我們會發現原來人生的喜悅，就隱藏在單純的事物中。我們誕生在這個世界上，既然被賦予了寶貴的生命，學習何謂真正的幸福才是最重要的事。

Ballon
Flower
桔梗

{暮蟬的叫聲}

夏天的時候，我會在清晨早早完成戶外的園藝工作。
因為每日天剛拂曉，我就會被暮蟬的求偶聲喚醒。

深吸一口早晨沁涼的空氣後，我走到庭院裡，
開始拔草或覆蓋的作業。
只要讓土壤保持柔軟的狀態，
植物的根就能順利伸展到地底深處的水脈。

暮蟬停止了鳴叫。金黃色的陽光降臨在大原鄉村。

我收拾工具，回到沒有陽光照射的涼爽古民宅。
家人也起床了，我們開始一起煮飯、打掃。

我躺在涼爽的榻榻米上，在悶熱的酷暑中，看見一隻飛舞的大蜻蜓。
望向庭院，不禁開始打起盹來。

{庭院的智慧}

園藝，就像在彩繪一幅不斷改變的畫作。
隨著季節流轉，樹木會成長、種子會被突如其來的風吹散到各處……。

在歷史之中，庭院逐漸發展成一個完美的地方。
那是一個可以讓身體與心靈都獲得重生，像天堂一般的場域。

打造庭院的熱情不分中西，到了今日依舊深植許多人心中。

有時早上起床，會擔心庭院是否被颱風破壞了。
但那也是大自然的一部分，因此不需要氣餒。

這是一個讓我們重建自己的人生與庭院的美麗契機。

在照顧植物的過程中，我學習到很多大自然的事物。
庭院，是最接近神明的所在。

The Call of the Higurashi

In summer I work outside only in the early hours of the morning. Each day I rise at dawn awakened by the piercing love call of the higurashi cicada.

Breathing in the cool air I go into the garden. I weed and mulch the ground around the plants. If the earth is always soft and crumbly the roots are able to reach deep down and find the water table beneath them.

The higurashi stop singing. Golden rays of sunlight enter the valley. I put away my tools and retreat into the cool shade of our old farmhouse.

My family are all beginning to stir. We cook and clean the house together. I lie down on the cool tatami and watch a large dragonfly hover in the sultry air. I fall asleep while gazing at my garden.

Vervain
馬鞭草

Gaillardia
天人菊

The Wisdom of the Garden

Gardening is like painting an ever-changing picture. The seasons change, the trees grow tall and seeds blow in the sudden gusts of wind.

Gardens have evolved throughout history as a place of perfection, a kind of paradise designed to revive body and soul.

From the Eastern part of the world to the West, the love of gardening is a seed that never dies.

One day you could wake up and see that a strong typhoon has smashed part of your garden.

It's a part of nature. Don't be filled with dismay.

It is an opportunity to make our lives or our gardens more beautiful.

Looking after plants, we can learn so much about nature.

You are closest to God in the garden.

聖約翰草／金絲桃

★ 神聖的香草

大原的天空晴空萬里，我出發到田裡去採摘聖約翰草的黃色花朵，它從很早開始就經常被人類使用。那是一種古人們認為擁有神力的美麗香草。

每年到了這個時期，我每天都會去採摘新鮮的聖約翰草花朵，然後放在缽中磨碎，浸泡在純淨的橄欖油或伏特加中製作藥酒。把瓶子放在有太陽照射的棚子下靜置約 20 天，花瓣中一種叫金絲桃素的成分會轉變成紅色。

據說聖約翰草對神經系統有所效用，能緩和輕微的憂鬱症狀及不安、失眠、壓力等。中國早在四千年前就開始使用，歐洲也有二千年以上的歷史。人們發現聖約翰草所含的金絲桃素，其抗憂鬱功效不會有任何副作用。它還具備抗發炎的效果，可以緩和燙傷、肌肉痠痛、神經痛、坐骨神經痛等。但是若已在服用其他藥劑，合併使用可能會產生副作用，要特別注意。此外，懷孕或哺乳中的女性也要避免使用。

幸福的人發生任何事都能感覺快樂，悲傷的人則對任何事都只覺得傷心。既然如此面對任何事，何不只著眼光明的那一面呢。

● **栽種訣竅**

耐寒的多年生草本植物。喜歡排水良好、乾燥的土壤，以及全日照的環境。此類連翹屬植物有很多種，貫葉連翹（Hypericum perforatum）的品種較佳。它的葉片上有油腺分布，將葉片拿到陽光下透光觀察，可以看見透明的斑點（油點）。夏季為採收期，秋季修剪莖枝後，帶著感謝的心情，做土壤覆蓋為它們添加養分吧。

聖約翰草痠痛按摩油

St. John's Wort Oil

五十肩發作時，我會每天用這款油按摩患部，就能一天一天減輕肩膀疼痛。覺得腰痛、坐骨神經痛、瘀青、燙傷、頭痛時，我也用這款油紓緩。它有抗氧化的功效，能改善皮膚乾燥、髮質受損、頭皮屑、濕疹、內出血、肌肉痠痛、關節炎、風濕痛、口角炎、晒傷等。

材料
有機初榨橄欖油……100ml
聖約翰草（從花穗往下 7cm 處截斷，將花、花苞、葉、莖全部切碎）……1 大匙

作法
1 將剛摘下的聖約翰草裝入乾淨的瓶子到 3/4 滿。
2 加入可以完全蓋過香草的橄欖油，要注意別讓香草露出油外氧化。
3 蓋上瓶蓋充分搖晃後，靜置於日照良好的地方約一個月。每天都要搖晃一下瓶子。
4 一個月後待油色變為褐色，將其過濾倒入瓶中保存。放在陰暗處可以保存數年。

St Johns Wort

聖約翰草舒眠藥酒

St. John's Wort Tincture

有時候不小心太晚睡就容易失眠。只要倒一些
聖約翰草藥酒加冰塊喝下，便可以輕鬆入睡。
此款藥酒據說能改善失眠、不安、輕微的憂鬱
症狀等神經系統病症，已經被廣泛使用長達好
幾個世紀。但是小孩、孕婦，以及有服藥的人
不可飲用。另外，喝了藥酒隔天早上會出現記
憶力些微衰退的現象，請勿經常飲用。

材料

聖約翰草（從花穗往下 7cm 處截斷，將花、花
苞、葉、莖全部切碎）……12g
伏特加……200ml
純水……200ml

作法

1 把聖約翰草跟伏特加放入果汁機打
　碎，倒入不透光玻璃瓶中。
2 靜置 2 天後，在作法 1 加入純水。
3 繼續靜置約 2 週，移至日照良好處靜
　置，時常搖動瓶身。
4 過濾作法 3，倒入殺菌過的不透光
　瓶，貼上寫有製造日期及香草名稱的
　標籤，置於陰暗處保存。

梅雨季結束後，我會在菜園裡採摘一些聖約翰草。

薰衣草 ★ 獻身的香草

在有女兒的家庭中，父母會為女兒準備桌子或床鋪使用的麻布巾、毛巾、毯子等，以及放置這些織品的木製櫃子當作嫁妝——這是歐洲自古以來的傳統。即使到了今日，帶有薰衣草香氣的純白麻布鋪巾，依舊是主婦最大的驕傲。

七月晴朗的日子，當庭院裡的薰衣草開花，我會把洗好的衣服晒在薰衣草花叢上，讓香氣轉移到衣物上。放置麻布巾的櫃子裡，也會放入薰衣草香包。不但可以讓床單沾有清甜的香氣，還可以驅蟲。

我會用庭院裡的薰衣草製作各種生活用品，如薰衣草糖、薰衣草水、薰衣草香皂、薰衣草醋等。

把手帕泡在冰過的薰衣草熬煮液，再將手帕敷到臉上，可以緩和頭痛，鎮靜肌膚和心情。在草帽上插幾根帶莖的薰衣草，也可以幫忙驅蟲。

薰衣草精油的使用方法很多，泡澡滴在熱水裡，可以除去一整天的疲憊，讓身心放鬆；滴在紗布上放進枕頭，能讓人安眠。只要滴幾滴精油在基礎油（嬰兒油）中，就能成為薰衣草油。蜜蜂之類的蚊蟲咬傷、燙傷、擦傷都可以塗抹。在有機液態肥皂中加入約 20 滴薰衣草精油，就是薰衣草沐浴露，我兒子非常喜歡用。

● 栽種訣竅

可耐寒的矮木。喜歡全日照環境，但稍有遮蔭的地方也能順利生長，適合鹼性且略微肥沃的土壤。開花以後建議馬上採收，過了開花期可稍微修剪，春天再好好修剪莖枝，整理成漂亮的形狀。

★薰衣草可以驅離青蟲、黑蠅及蚊子。

★蜜蜂非常喜歡薰衣草。

香草糖
Herb-Flavoured Sugars

我喜歡製作多種口味的香草糖，用來做甜點、蛋糕、小點心。製作香草糖的方法非常簡單，除了薰衣草，迷迭香、百里香、檸檬香茅、檸檬馬鞭草也都可以做出香氣誘人的香草糖。

作法
1 採集幾枝薰衣草。
2 將砂糖放入瓶子裡，把香草莖枝深深插入砂糖、香草必須完全埋入，然後靜置數週。在慢慢乾燥的過程中，香草的味道會轉移到砂糖上，特別的香草糖就完成了。

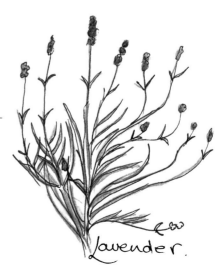

Lavender.

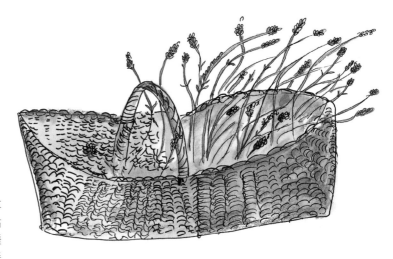

A Lavender Basket
薰衣草花籃

薰衣草香氛燙衣水

Lavender Iron Spray

燙衣服的時候噴一下，或衣服洗好後噴一些再晾晒，身上就會有淡淡的香氣。床單跟寢具沾附薰衣草令人舒服的香氣，家人或客人都能睡得很好。薰衣草水也可以當化妝水使用，改善皮膚狀態、活化肌膚細胞。

材料
蒸餾水……500ml
薰衣草水……3～4 大匙

作法
1 將薰衣草水與蒸餾水混合，裝入大型噴霧罐中保存。

★薰衣草水作法
在有蓋的耐熱玻璃容器中，放入 50g 乾燥薰衣草花，倒入 800ml 沸騰的蒸餾水。放涼後倒入 60ml 伏特加，滴入 6 滴薰衣草精油，靜置在日照良好處 5～6 天。過濾之後裝到瓶子裡保存。

藍色薰衣草香包

Lavender Blue Potpourri

薰衣草香氣總是讓我想起鵝媽媽的「Lavender's Blue」這首童謠。一邊製作這款香包，就忍不住哼起歌來。

材料
乾燥薰衣草花……2 杯
乾燥白玫瑰花瓣……1 杯
乾燥藍色紫羅蘭或麝香錦葵…1/2 杯
德國鳶尾粉末……2 大匙
薰衣草精油……4～5 滴

作法
1 將所有材料倒入大碗盆中，用手仔細拌勻。
2 所有材料放入可密封的袋子裡，吊在陰暗處，靜置 4～6 週使其熟成。一週要搖晃混合一次讓香味融合。
3 6 週之後就可以分裝成小袋當作香包使用。也可以盛放在深盤中，或放入專門放乾燥香包的容器。香包放在無蓋容器中，香氣很快就會揮發消失。

桑葚 ★ 代表生存的香草

安靜的夏天早晨我喜歡悠閒度過。我到庭院的桑樹那兒去晒衣服，桑樹是一種樹結很多的樹種，非常堅硬、不容易腐朽，所以常製成郵箱、網球或板球的球拍。蠶也是以桑葉為食，特別是白桑的葉子。

看了一下我家的桑樹，果實已經是成熟的黑紫色，差不多可以吃了。野生動物非常喜歡桑葚，為了怕被鳥兒捷足先登，我先搬出梯子來採收它們。

鉀含量豐富的桑葚可以提升人體免疫力，但不可以一次吃太多。桑葉製成的香草茶，能減緩生理痛、嘔吐、咳嗽、鼻血、感冒等；桑葚聽說可以常保年輕。在美國的原住民部落，他們會將桑葚添加在藥材裡使其容易入口，或用來製作果醬。

採了滿滿一籃子的桑葚，就用它來當下午茶點心，烤一個桑葚肉桂蛋糕吧。

● **栽種訣竅**
不管什麼土壤都能生長的落葉樹，但必須選擇日照良好的地方栽種。建議每年在梅雨季前修枝，夏季果實成熟後採收。

Mulberry

桑葚肉桂蛋糕
Mulberry & Cinnamon Cake

每年夏天，庭院裡的桑樹會結出許多果實。有時候會用它製成果醬，或者做這款好吃的手作蛋糕，在下午茶時刻端出來招待客人。

材料
無鹽奶油（切小丁）……140g
砂糖……140g
杏仁粉……140g
麵粉（無漂白）……140g
泡打粉……1 小匙
雞蛋……1 顆
肉桂粉……1 小匙
香草精……2 小匙
桑葚……225g
糖粉（裝飾用）……適量

作法
1 在直徑 23cm 的蛋糕模型內側薄塗一層奶油，撒上少許麵粉（分量外）。
2 桑葚摘除莖枝用冷水洗淨，再用廚房紙巾吸乾水分。
3 在桑葚上撒 1 匙砂糖後靜置。
4 除糖粉以外的所有材料都放入碗盆，充分攪拌成滑順的奶油狀。
5 將一半麵漿倒入蛋糕模型，用矽膠攪拌棒刮平，均勻撒上作法 3 的桑葚，將其稍稍壓進麵漿中。
6 倒入剩下的麵漿，表面刮平。放進預熱 180 度的烤箱，烘烤 50～60 分鐘。
7 蛋糕烤好後先放在模型中冷卻一下，略微放涼後再脫模取出。
8 將蛋糕放在網架上放涼，完全冷卻後撒上糖粉裝飾。

鮮奶油紫蘇果凍

Shiso Jelly

去附近店家「丹波茶屋」吃午餐的時候，我總是會選紫蘇果凍當點心。在上面加一匙起泡的鮮奶油一起吃非常美味。

材料
新鮮紫蘇葉片……300g
檸檬酸……13g
砂糖……400g（依喜好調整）
水……2000ml
吉利丁……40g
水（溶解吉利丁）……400ml
鮮奶油……依喜好添加

作法
1 將 2000ml 水煮沸，放入洗淨的紫蘇葉用小火煮約 10 分鐘。
2 熄火後加入檸檬酸攪拌 2～3 分鐘使其溶解。
3 將作法 2 過濾再倒回鍋中，加入砂糖開小火攪拌使糖溶解。
4 撈除浮渣後熄火。
5 將 20g 吉利丁用 200ml 溫水溶解，加入作法 4 放涼備用。
6 剩下的 20g 吉利丁用冰水溶解，加入作法 5 拌勻。
7 倒入容器中，放入冰箱待其凝固。食用時可依個人喜好加鮮奶油。

紫蘇 ＊使人安定的香草

大雨過後的隔天，天空一片蔚藍，我走在大原鄉間的砂礫小徑上。眼前開展的一塊一塊田地，就像美麗的拼布一樣。翠綠的田野對比於相鄰的紫紅色紫蘇田，色調真的好美。

紫蘇在西元八世紀由中國傳到日本，大原地區已經栽種了好幾百年，人們將它運用於梅乾及各式各樣醃漬物當中。每年到了七月，我的庭院裡四處都能看到紫蘇的蹤影。

為了家人的身體健康，我開始打紫蘇汁。因為紫蘇可以強化人體免疫系統，預防花粉症等過敏症狀。喝下美味的紫蘇之後，心情就能沉靜下來。我也會用它做雞尾酒，在紫蘇汁中放一片檸檬及大量冰塊，再加入梅酒，就是最適合夏天的冰涼雞尾酒飲料了。

在無花果樹蔭下，跟朋友一起聊天、一邊採紫蘇葉，是在炎熱夏季的愉快工作。

「集結眾人力量，工作就能快速完成。」

● **栽種訣竅**
耐寒的一年生草本植物。喜歡排水良好、具保濕性的肥沃土壤，以及全日照環境。冬天可以預先把種子埋在覆蓋物下，或是在春天即將結束時播種在花壇中。夏天採收葉子、秋天收集種子。

Sweet Marjoram

馬郁蘭 ★害羞與喜悅的香草

在澤西島生活時，我和馬郁蘭初次相遇。每年暑假，我們一家會乘船到法國布列塔尼半島旅遊。當海象不佳時，保母叮叮會在手帕上滴幾滴馬郁蘭精油。我們聞了這種香氣，肚子便不再翻攪，想吐跟頭痛的感覺都消失了。

同屬的奧勒岡也有類似效果，但是馬郁蘭味道比較溫和甘甜，和番茄及起司料理都相當搭配。

用馬郁蘭按摩油來按摩僵硬的肩膀及關節疼痛，比較潤滑好推，也能促進血液循環。我的身體也是因為馬郁蘭才能保持柔軟以及青春。

中世紀時，抹在傢俱上的蠟都會添加馬郁蘭精油。我利用蠟樹製作木蠟時，也會添加馬郁蘭精油，再用其塗抹傢俱表面。

人生活到六十歲，我深深感受到永恆的幸福與喜悅，就存在每個人平靜的心底深處。

● **栽種訣竅**

多年生草本植物。喜歡全日照環境，但稍有遮蔭的地方也可生長。適合偏乾燥、排水良好，但不太肥沃的土壤。
★蜜蜂很喜歡馬郁蘭。

蜂蜜馬郁蘭豬排

Pork with Honey Marjoram

這是夏威夷朋友教我的食譜。作法簡單又快速，沒時間下廚的時候非常方便，只要搭配鹽水煮的馬鈴薯跟鮮蔬沙拉就很美味。

材料
豬排或豬肋肉排……4 片
蜂蜜……2 大匙
新鮮馬郁蘭葉（切碎）……2 大匙
新鮮百里香葉（切碎）……2 大匙
檸檬汁……1 顆分量
鹽、胡椒……適量
油……適量

作法
1 豬排肉上撒鹽、胡椒調味。
2 將檸檬汁、蜂蜜、馬郁蘭、百里香混合，均勻抹在作法 **1** 的豬排上醃漬約 30 分鐘。
3 平底鍋倒一些油，煎烤作法 **2** 的豬排約 10～15 分鐘，煎至兩面金黃，或是用烤箱烘烤。

新鮮香草披薩

Pizza with Fresh Herbs

週末我的女兒茉莉會帶著孫子喬回到大原。我們一起打掃、洗衣，説説最近發生的事。這道披薩不需要花太多時間，很適合在夏季香草採收時製作。烤好後記得要趁熱享用喔。

材料（4 人份）

大蒜（壓碎）……3 瓣

披薩麵皮（直徑 19cm）……4 片

馬郁蘭、奧勒岡、巴西利、羅勒

（撕碎）……合計約 1 杯

鮮奶油……50ml

橄欖油……1 大匙

莫札瑞拉起司……400g

（或披薩專用起司）

鹽、胡椒……少許

作法

1 將莫札瑞拉起司的水分瀝乾，切成 5mm 丁狀。

2 披薩麵皮表面塗上橄欖油。

3 在麵皮上放鮮奶油、蒜頭、鹽、胡椒，撒上香草後再鋪上起司。

4 放進預熱 230 度的烤箱烘烤約 20 分鐘直到上色。

普羅旺斯香草調味料

Herbs of Provence Dried Herb Blend for Cooking

忙碌的時候，只要在披薩、雞肉、濃湯或炒菜時撒上這款香草，就是一道美味的料理。可以在夏天先做好這款綜合乾燥香草備用。

材料

百里香……6 大匙

馬郁蘭……6 大匙

巴西利……4 小匙

茴香籽……4 小匙

鼠尾草……2 小匙

作法

所有材料混合，放進密封容器保存。

Bergamot

管蜂香草 ★ 美國原生香草

夏天爽朗的陽光，從圍繞大原的群山轉移到高野川上，我家庭院中的管蜂香草在這樣的陽光誘惑下開花了。色彩豔麗的花朵，引來蝴蝶與蜜蜂。

管蜂香草最初是由美國原住民發現的，他們將其當作緩和生理痛及失眠的香草茶飲用。管蜂香草可以抵抗病毒，治療喉嚨痛、感冒，或用來泡蒸氣浴。

我想要放鬆一下提振精神時，就會滴幾滴管蜂香草精油泡澡。睡不著的時候，則會將乾燥或新鮮的管蜂香草葉放入煮沸過的牛奶中，浸泡約 7 分鐘。喝下這杯牛奶，馬上就能進入香甜的夢鄉。

「幸福，是一種心理狀態。」

● 栽種訣竅
耐寒的多年生草本植物。喜歡排水良好、濕潤、肥沃的土壤，建議每年春天用堆肥進行覆蓋。喜歡半日照環境，但在全日照下也可以順利生長。我家的管蜂香草長得很高，因此每年初夏跟晚秋可以收穫兩次。將採收的葉片晒乾後用來泡澡，香氣非常迷人。
★蜜蜂很喜歡管蜂香草。

● 管蜂香草室內除臭噴霧
管蜂香草的香氣宜人又有抗菌除臭的功效，很適合製成芳香噴霧。在噴霧罐中倒入 1 杯酒精及 1 杯蒸餾水，再加入下列香草精油：12 滴管蜂香草、8 滴百里香、10 滴茶樹、5 滴桉樹，充分搖晃瓶身使其融合即可。

管蜂香草蘋果果醬
Bergamot & Apple Jam

每年我家庭院的管蜂香草都會開花。晒乾的葉子可以加入紅茶增添香氣，或自製手工果醬。如果沒有管蜂香草葉，也可用薄荷葉代替。

材料
蘋果……1kg
新鮮管蜂香草葉（切碎）……10 片
砂糖……分量同熬煮蘋果（約 800g）

作法
1 蘋果削皮去芯，切成扇狀薄片備用。
2 將作法 1 放入大鍋子，加入淹過蘋果的水，用小火熬煮至蘋果軟化變形。
3 濾除作法 2 的水分，測量分量，加入等量砂糖，再加入管蜂香草葉。
4 在鍋中繼續攪拌直到砂糖完全溶解，最後開大火熬煮收汁。
5 冷卻後裝進乾淨容器中保存。

庫拉索蘆薈 ★象徵美麗的香草

一九七一年我第一次在日本過冬。房間實在太冷，我買了汽油暖爐，卻不小心把手燙傷。

我向鄰居的 Youko 求助，她切了一段蘆薈敷在我的手指上，疼痛竟然馬上就消失了。她告訴我用蘆薈的果膠濕敷，能夠鎮定乾燥肌膚，緩和濕疹及燙傷。蘆薈可以滋潤肌膚，也能有效減少面皰及皺紋。

我開始研究香草之後，也會在自製洗髮乳及化妝水中添加蘆薈。而且也會加入自製優格中，每天早上食用。

蘆薈是一種多肉多汁的植物，可以治療皮膚外傷、使細胞再生，世界各地都有種植並廣泛利用。一般認為食用蘆薈對更年期、便祕以及過敏性腸症候群都有改善功效。蘆薈可以提升人體免疫力，富含維生素 C、E、B12 以及 β 胡蘿蔔素，可以抗氧化，但懷孕中的婦女不可食用。

「美必須用心來感受，它就會自然映入眼簾。」
——蘇菲亞・羅蘭＊

＊編註：Sophia Loren（1934～），義大利女演員，奧斯卡最佳女主角獎和終身成就獎得主。

● 栽種訣竅
不耐寒霜的多年生草本植物。在寒帶地區需種植於盆栽缽中，冬天要移到室內。喜歡含沙堆肥、排水良好的中性土壤，以及全日照環境。注意不可澆太多水，換植時要將蘆薈由缽中取出，暴露約 2 天使其乾燥後，再重新種植。

● 除霉蘆薈醋
在悶熱的夏季可以用蘆薈醋來除霉。以 2000ml 白醋浸泡 10 片蘆薈葉的比例，靜置數日即可。

Aloe Vera

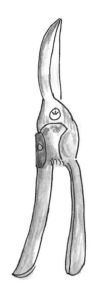

Pruning Shears.

修枝剪

▌樹木造型修枝

所謂樹木造型修枝，就是對樹木及灌木做裝飾性的造型修剪。這是十七世紀法國庭園裡相當盛行園藝工法。英國園藝師會用香草打造結紋花園（Knot garden，在庭院重點處進行樹木造型修枝，或有設計小徑的精緻花園）。在日本與此類似的大概就是造景盆栽。

我庭院中的柊樹與迷迭香大型盆栽也會進行造型修枝，隨著季節變換移動擺放位置。我家總共有六個主題花園，每個花園的入口設置植物的造型修枝，可以更加凸顯花園的特色。冬天我會將柊樹放在玄關作為聖誕節的裝飾，十二月上旬時候為它進行造型修枝，月底就能裝飾成聖誕樹了。

● 作法

1 在陶製盆栽缽底部鋪一些小石頭跟陶器的碎片再放進土壤，可以種植高度約80cm～1m 的樹木。

2 定期澆水，特別是晴天或有風的日子一定要澆水。

3 想修枝剪出圓形造型，枝幹下方的枝葉要剪除乾淨，並且在成長期就要經常修剪。

4 於春秋兩季施灑肥料或新鮮堆肥。

5 夏天冒出新芽時，最上方的新芽要經常修剪，讓葉片茂密繁殖。定期摘心可以為樹木做出造型。

6 從春天中旬到整個成長期都要經常摘心，就能慢慢為植物整出造型。只要用愛來照顧植物，便能打造出美麗的外型。

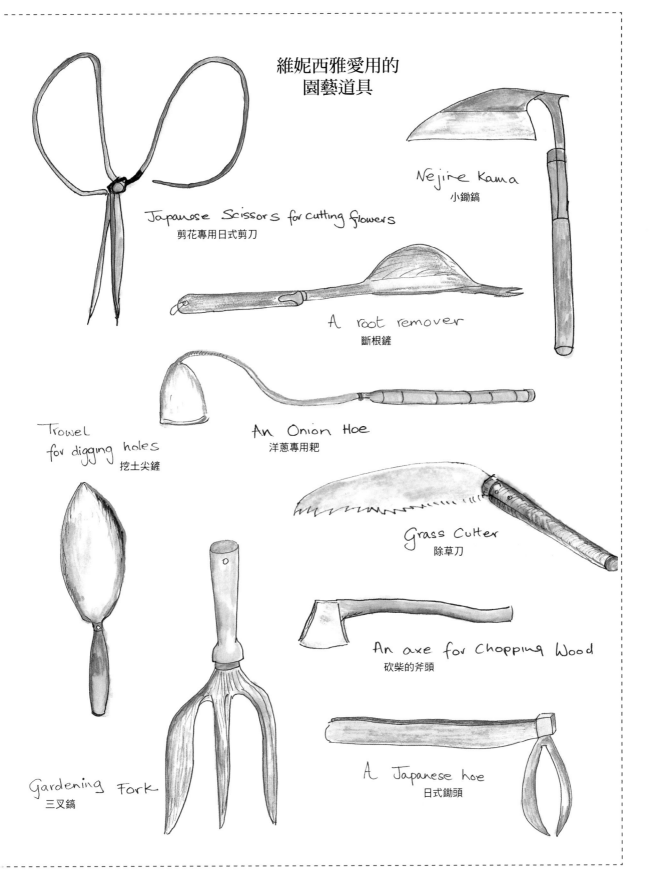

維妮西雅愛用的
園藝道具

Japanese Scissors for cutting flowers
剪花專用日式剪刀

Nejire Kama
小鋤鎬

A root remover
斷根鏟

Trowel
for digging holes
挖土尖鏟

An Onion Hoe
洋蔥專用耙

Grass Cutter
除草刀

An axe for chopping wood
砍柴的斧頭

Gardening Fork
三叉鎬

A Japanese hoe
日式鋤頭

151

August

8月

到了夏天，美酒花園就成了我家的餐廳

8月

美酒花園的回憶

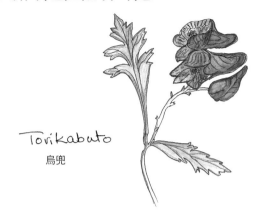

Torikabuto
烏兜

凡事都有定期，
天下萬物都有定時，
生有時，死有時。
栽種有時，拔出所栽種的也有時。
　　　——《舊約聖經》傳道書第三章 1～2 節

For everything there is a season,
and a time for every purpose under heaven:
a time to be born, and a time to die;
a time to plant, and a time to pluck up
that which is planted

　　　　　　——Ecclesiastes 3:1-2

八月在日本和曆*中被稱作「葉月」，是水田稻穗轉為青綠抽高成長的時期。

我每天都會翻閱自己的園藝筆記，確認當天必須進行的庭院工作。給幼苗植物澆水、摘下枯萎的花朵促進下一次開花，或是為開完花的植物進行修剪。最重要的工作，就是採收進入收穫期的香草。我會將應做事項條列寫下來，然後闔上日記下樓。

夏天我多半會在黎明時被尖銳的蟬聲喚醒。泡一杯英國茶後，就會走到戶外去。在庭院呼吸涼爽的山間空氣，溫柔的微風吹拂但絲毫沒有驚動楓葉。雖然太陽還躲在北山後方，但今天看來會是一個有風的舒適好天氣。我跪在地上拔草，覆蓋香草根部。只要維持土壤鬆軟，植物的根系就能好好深入地底，找到地底下的水脈。

蟬停止鳴叫，但是遠方傳來金背鳩咕咕的叫聲。金黃色的太陽光，終於普照在大原鄉村。我收拾園藝工具，到內側有遮蔭的美酒花園去躲太陽，並在這裡聽著蜜蜂的拍翅聲繼續除草。牠們似乎正忙著收集檸檬馬鞭草白色花朵中的花粉。每每做庭院工作，總是會驚豔於各種植物無與倫比的美麗與香氣，感動不已。

美酒花園是這個家中最後完成的區塊。因為打造一座庭院主題需要一年的時間，因此開始著手打造美酒花園，已經是搬到大原第六年的事。我向丈夫正提出想要有個放置薪柴的地方，也想保留一個空間可以在戶外做木工。於是決定以美酒作為這個花園的主題，計畫打造一座露台。在這裡我只種植紅、白、玫瑰紅等酒色花朵及矮木。將巨大的花崗岩以及原有的舊式灶爐紅磚再次利用，丈夫建造了一個 BBQ 烤台和一個大型棚架，放置冬天需要的柴火。在戶外廚房裡也設置了水槽，我們經常找朋友在這裡一起聚會烤肉。我很喜歡 BBQ 聚會，因為客人也可以一起幫忙、一起享受美食。午後的美酒花園非常適合一個人安靜地寫些東西，在夜晚的星空下，也是獨自一人靜靜小酌的好去處。

我跟母親都很喜歡 BBQ 聚會，母親說這是 Alfresco（在戶外舉辦的社交餐宴），經常把桌子搬到庭院去，端出法式開胃小點心卡納普（Canapé），四處跟客人互敬香檳寒暄。母親四十歲時，跟男友一起搬到愛爾蘭的蒂珀雷里郡，那時我正準備出發去印度旅行。倫敦的社交生活讓我非常疲憊，對於往後的人生方向感到深深困惑。我沒有仔細問過母親從倫敦搬

去愛爾蘭的原因，她經歷過四段婚姻，育有七個孩子。很有可能是母親心念一轉，想要到陌生的地方去展開新生活也不一定。愛爾蘭是個十分美麗的地方，我認為她做了一個非常棒的決定。

母親買下了一個可以俯瞰德格湖（Lough Derg）的旅館。那裡只有幾間莊園、小小的船泊場、郵局、酒吧，還有夕陽沉入湖面時擁有絕美景色，除此之外，什麼都沒有。母親一搬到這個名叫 Sail Inn 的旅館，我便去拜訪她。庭院裡長滿雜草，我幫忙打掃枯葉、拔草，開始庭院造景的作業。旅館裡有十間左右的客房，以及酒吧和餐廳。當時七歲、最小的妹妹茹心妲，和六歲的弟弟傑米跟母親一起生活。

在秋天草原上開滿花，讓人感覺沉靜的九月上旬，我不顧母親的挽留，一一和茹心妲、傑米擁抱道別，雖然當下馬上就感受到分離的痛苦，但我還是坐上飛往倫敦的班機。此後過了一個月，我任由生命波瀾的帶領來到印度。在那裡遇到了年輕的賢者普仁羅華（Prem Rawat），靜心傾聽他的教誨後，我解開心中許多對人生的疑惑。在老師的座下停留八個月以後，經歷一些危機與事件，我被某種力量牽引，在冥冥之中來到日本定居。

之後再過了兩年，我結了婚，並且開始在京都的英語學校教書。我一邊勤奮工作，一邊養育三個孩子。經歷十三年的婚姻生活後，我離開了丈夫，變成單親媽媽。單親的六年生活中，因為思念故鄉，每到夏天我總是帶著孩子們到愛爾蘭去，在湖畔租一間房子度假。因為孩子們不曾在英語環境中生活，暑假這段時間對我來說非常珍貴。能夠重新與我的兄弟姐妹見面，尤其是加深我和母親之間的牽絆，使我感到非常滿足。搬到愛爾蘭居住後，我的母親也有所改變。變得比以前寬容，個性也一年一

年變得更圓滑。她終於完全定下心，在愛爾蘭扎根安定下來了。

可惜母親在七十八歲時，發生意外過世了。我們在天主教的教堂裡舉辦一場隆重的喪禮，將她埋葬在附近多明尼爾（Domineer）村莊的墓園裡。儀式過後，弟弟查爾斯在他家的庭院，布置一場盛大的自助餐宴，招待來參加喪禮的人。大家坐在屋外，享用新鮮的鮭魚，以及各種母親生前拿手的料理。正是因為母親總是盡全力享受人生，才會有這場非常特別的告別餐會。因為八月四日是母親的生日，讓我回想起這段往事。母親總在自己生日那天，舉辦戶外 BBQ 宴會，招待村子裡的人。

抬頭望向天空，家裡內側庭院高高的石牆上，開始出現陽光細細的光束。我將拔除的雜草放進籃子，在庭院周圍繞繞，發現鄉村花園裡的花朵已經靜靜在朝陽下綻放。

晨光充滿大原鄉村每個角落。好天氣持續了三天，我的庭院也完全變乾燥了。蝴蝶在管蜂香草紅熱的花朵周邊翩翩飛舞，忙碌的螞蟻隊伍橫越石頭小徑；我發現了一隻小蜥蜴，但轉眼就在青綠色羅勒盆栽下方消失蹤影。突然想起來，我要將拔下的雜草拿去做堆肥，於是走進田裡將雜草丟進堆肥箱中。同時發現西洋蓍草和聖約翰草都開花了，我蹲下來摘了一些黃色和白色的花朵，決定用它們製作可以幫助入睡的藥酒。

一隻鳶突然飛下來掠過我身旁，停在附近的田裡。我一邊觀察牠休息的姿態，向牠道了聲早安。

＊編註：日本過去使用的傳統曆法。

{ 採摘夏季 }

漫長的雨一直持續到昨天，好不容易連續停歇三日。
氣溫上升，我的庭院也變乾燥了。

走到戶外，薰衣草細小的花苞也到了可以採收的時刻。
我忘情看著紫色蝴蝶搖曳薰衣草花朵的樣子。
走到田地裡，聖約翰草跟白色的西洋蓍草也開花了。
蜜蜂家族開心地圍繞花朵飛舞。

我非常開心，摘了滿滿一籃黃色及白色花朵。
這是一個安靜美麗的夏日。

Ageratum
Autumn
霍香薊

Rudbekia
金光菊

{ 澆水 }

夏天正午氣溫會變得很高，到太陽隱沒在山的另一頭之前，
大原的鄉村會重返寂靜，戶外一個人影也看不到。

一直到接近傍晚，大家才會到外頭走動。在強烈陽光直射下，地面變得乾巴巴。
植物們看來都很渴，伸長脖子等著家中新鮮沁涼的井水。

我把水管在每個花壇上各放五分鐘，給它們澆水。
與其經常反覆灑少量的水，植物更喜歡一次補充足量的水分。
我想它們喜歡在夜裡自己慢慢吸收水分。

澆完水之後，空氣也漸漸變涼了。
水是生命之泉。

Harvesting in Summer

Yesterday there were three full days of respite from the rain. The temperature rose high and my garden became very dry.

I walked outside and discovered that the small little buds of the lavender were just ready to pick. I watched a purple butterfly swinging on the stem of the blooming lavender.

I walked down to my field and saw that also the flowers of St. John's wort and white yarrow had burst into bloom. A family of bees was hovering over the flowers. I kneeled down and began to happily fill up my basket with yellow and white blossoms. A quiet beautiful solitary day.

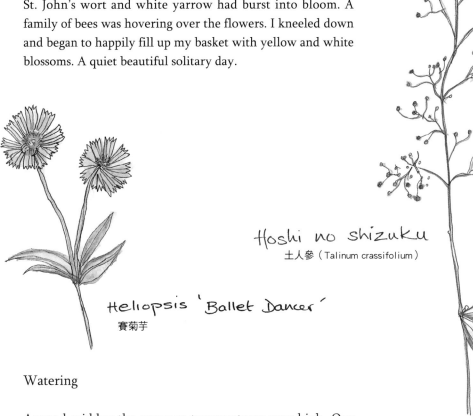

Hoshi no shizuku
土人參 (Talinum crassifolium)

Heliopsis 'Ballet Dancer'
賽菊芋

Watering

Around midday the summer temperatures soar high. Our village becomes silent and no one can be seen outside, until the shadows of the mountains bring shade to our valley.

The late afternoon comes and people begin to stir. The earth is parched dry, baked by the fierce rays of the sun. Thirsty plants are waiting for the fresh icy cool water from our well.

On each flowerbed I leave the water hose running for about five minutes. Plants prefer deep watering rather than frequent light sprinkling. I feel that they like to drink slowly through the night.

As I water, the air cools down. Water is the wellspring of life.

庭院採收的薄荷等香草，會保存在朋友彩繪各種香草圖案的罐子中。

Yarrow

西洋蓍草 ★戰場上的香草

炎熱的夏日午後，我到田裡去採摘西洋蓍草，後方杉樹林傳來喧鬧的蟬聲。因為朋友建議我栽種西洋蓍草，所以我的庭院也開始種起藥用香草了。

美國原住民把西洋蓍草視為萬能香草。它的香草茶可以促進血液循環，單單用花朵泡香草茶就能緩和花粉症。在英國，西洋蓍草自古就是重要的草藥，會被用來治療感冒、高燒，但孕婦不可飲用。

將西洋蓍草的葉子剁碎敷在傷口上可以止血，在古希臘用來治療戰場上受傷的士兵。西洋蓍草的別名——戰場上的香草讓我想起一句格言：「即使戰敗，我們也可以從人生的戰場上有所獲得。」

● 栽種訣竅

耐寒的多年生草本植物。喜歡全日照環境，但稍有遮蔭也無妨。適合排水良好、略微肥沃的土壤。將西洋蓍草放入堆肥，可以加速分解。它還能提升植物對病害的抵抗力，增強其他香草的藥效。開花後在晚夏採收，將花朵及莖枝晒乾保存。

★西洋蓍草可以吸引益蟲食蚜蠅及草蛉。

西洋蓍草薄荷牙膏
Yarrow, Mint & Stevia Toothpaste

選用對牙齒有益的香草製成牙膏。西洋蓍草可以預防牙周病，茴香能保持口腔清新，甜菊的甜味可以改善牙膏味道，胡椒薄荷精油則有消毒作用，能減輕牙痛。請利用小湯匙塗到牙刷上使用。

材料
熱水……80ml
西洋蓍草（新鮮或乾燥）…1 大匙
茴香籽……2 小匙
藕粉……3 大匙
乾燥甜菊……1 大匙
小蘇打粉……2 小匙
胡椒薄荷精油……10 滴
甘油……4 小匙

作法
1 將甜菊用缽研磨成細粉。
2 熱水熬煮茴香籽及西洋蓍草約 10 分鐘，製作濃縮液，過濾備用。
3 作法 1、甜菊、小蘇打粉、藕粉、甘油混合拌勻，再加入胡椒薄荷精油。
4 作法 2 舀起 2～3 大匙，分次加入作法 3 拌成喜歡的膏狀硬度。
5 放入密封容器或軟管容器中，可以保存約 2 週，夏天要冷藏保存。

牛蒡 ★ 淨化的香草

微風中，露珠在牛蒡的葉子上閃耀。我想起第一次吃牛蒡做的根莖類料理，那時我剛到東京，覺得牛蒡料理非常美味。

在英國栽種牛蒡以矮木圍籬為主，不過它在世界各地都能生長。西方人會用牛蒡根來製作香草茶。

大家都知道牛蒡是一種可以淨化人體、強健體魄的藥材，特別是對腎臟及肝臟很好，一般還認為它能緩和風濕關節炎。以前的人受傷，都會用牛蒡巨大的葉子來包覆傷口，可治療紅腫、燙傷、擦傷等。牛蒡中含有豐富的鉻、鐵、鉀、氨基酸等。近期研究也顯示，牛蒡有抗菌、殺菌，以及抗氧化的特性。

今年我在日照良好的菜園一隅，試著種植我最愛的牛蒡。從濕潤、肥沃的土壤拔出牛蒡根時，我深刻感受到這片大地就是我們所有人類的庭院。

● 栽種訣竅
為了讓牛蒡的根可以深入地底，種植時可以先深深挖掘下鋤，將地底具保濕性的肥沃土壤翻鬆。春天播種，夏天即將結束時即可採收。

芝麻牛蒡脆片
Sesame Burdock Chips

我年輕的時候，為了讓孩子喜歡吃牛蒡，特地想出這道食譜。現在不只我的孩子、連孫子也都非常喜歡這道像餅乾的牛蒡脆片。

材料
牛蒡……中型 2 根
料理酒……3 大匙
濃味醬油……3 大匙
砂糖……2 大匙
水……3 大匙
七味粉……少許
芝麻……2 小匙
菜籽油（油炸用）…… 適量

作法
1 牛蒡洗去泥土、去皮，像切馬鈴薯脆片一樣斜切成薄片備用。泡水 1～2 小時後瀝乾備用。
2 將水、料理酒、砂糖、醬油放入鍋中，加入作法 1 稍微煮一下。牛蒡變軟入味後撈出瀝乾。
3 略微翻炒芝麻備用。
4 平底鍋倒入適量菜籽油加熱，油炸作法 2。
5 炸好後撈起瀝乾，撒上七味粉及作法 3 的芝麻，全部拌勻即完成。

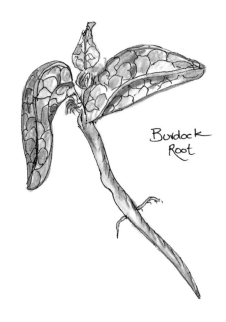

Burdock Root

藍莓 ★ 有益眼睛的香草

夏季傍晚前的空氣異常悶熱，庭院裡的藍莓都成熟了。

在原始時代，女性負責採集樹木及果實，男性則負責出門狩獵。男性天生就能看得比較遠，有很好的視力。相反的，女性則比較容易注意到近距離的事物。即使到今日，能夠享受採集野菜和果實樂趣的人也是以女性居多。

我的視力隨著年齡愈變愈差，還好藍莓可以改善視覺機能，富含多種維生素，使人維持青春。

我每天早上起床都會進行冥想。然後一邊欣賞庭院，一邊吃自製藍莓醬拌的優格，這是我每天的固定作息。

我再次體會到，只要自己幸福就能帶給別人幸福。

● 栽種訣竅

藍莓樹喜歡一整天都日照良好的地方，以及酸性潮濕的土壤，栽種的土壤最好用 2/3 泥炭蘚、1/3 肥沃表土混合。為了幫助授粉，最好栽種兩個品種以上的藍莓。

藍莓的根系喜歡沿著地表爬行擴散，可以用乾淨的稻稈、木屑、木材碎片等材料覆蓋預防雜草。剛開始栽種的 2、3 年內，只需修剪像莖一樣細枝，種植 8 年後就只要每年晚冬或早春，剪掉約一半的老舊分枝。春天記得要充分澆水。

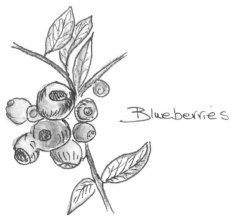

Blueberries

白雪藍莓奶油優格
Blueberry Snow with Mint

這是一道相當簡單的點心，突然有客人來訪也能迅速做好，給人帶來意外的驚喜。

材料
藍莓……150g（＋裝飾用）
鮮奶油……200ml
優格……150ml
糖粉……8 大匙
蛋白……2 顆分量
連莖薄荷葉……約 2 根

作法
1 鮮奶油用攪拌器打發。
2 將糖粉加入優格拌勻，輕輕與作法 1 拌勻。
3 蛋白打發到可拉出尖角，加入作法 2 輕輕拌勻。
4 將藍莓輕輕拌入作法 3。
5 裝進冷卻過的玻璃容器中，放上幾顆藍莓及薄荷葉裝飾。

黑莓
Blackberry

黑莓蘋果碎餅派

Blackberry & Apple Crumble

在英國，夏天快結束進入初秋之際，在綠色灌木叢及圍籬間可以採收鮮豔的樹莓。小時候，奶媽叮叮有時會叫我去採樹莓，我就會帶著她給我的籃子，到附近的灌木叢和矮樹叢圍籬。這道甜點在英國家庭中經常出現。若手邊沒有蘋果，可以用新鮮的大黃[*1]、梨子、藍莓等當季水果替代。

材料（4 人份）
蘋果（去皮切 1cm 片狀）……400g
黑莓（新鮮或罐頭）……200g
檸檬汁……1 顆分量
砂糖……2 大匙
黑莓、薄荷葉（裝飾用）……適量
鮮奶油……依喜好添加

碎餅材料
| 砂糖……180g
| 麵粉……280g
| 奶油……120g
| 肉桂粉……1 又 1/2 大匙

作法
1 蘋果、黑莓鋪在耐熱容器底部，撒上砂糖、檸檬汁。留一些黑莓裝飾用。
2 製作碎餅。將麵粉、砂糖、肉桂粉拌勻，加入奶油，用手混合至所有材料變成小塊碎餅狀。
3 將作法 2 均勻撒在作法 1 上約 2～3cm 厚。小心不要壓壞碎餅。
4 放進預熱 180 度的烤箱烘烤 30～40 分鐘，直到表面呈金黃色。將表面的碎餅烤得酥脆是美味關鍵。
5 表面裝飾鮮奶油、黑莓及薄荷葉[*2]。

*1編註：大黃（Rhubarb）長得像芹菜，嚐起來有自然酸味，在歐美經常被用來做甜點、果醬、酒。
*2完成的派一般約 5cm 厚。

樹莓 & 黑莓 ★ 大自然的恩惠

以前小時候，只要到了夏天我就會偷偷推開古老的木門，溜進四周都是圍牆的廚房庭院去採莓果，那是我生活中小小的樂趣。雖然母親都會警告我們小孩子不可以去採莓果，她想保留新鮮的果實，用來做樹莓冰淇淋或黑莓派。

莓果樹會開出美麗的花朵，引來許多蜜蜂。我們因為很想吃到成熟的甜莓果，都會偷偷去摘。只要母親出門買東西，我們就會溜進庭院，將小小身子摀得到的莓果通通搜括下肚。

英文統稱為「Bramble」的樹莓及黑莓，生長在北半球的溫帶地區以及南美洲。用它們來製作果醬非常美味，含有豐富的維生素 C、K 和膳食纖維，是人體抗氧化非常重要的成分。

大原家中的田地，總是有鳥類及猴子會來偷吃莓果，所以我常拿著大網子在田裡巡視。莓果的顏色開始加深，差不多又到了採收的季節。

● 栽種訣竅
樹莓和黑莓喜歡帶沙的肥沃深層土壤，土壤一定要排水良好，並在全日照環境生長。土壤中有機質愈多長得愈好，可以定期用堆肥覆蓋。黑莓需要架設高一點的網格，樹莓則不會生長太高。可以在早春種成一列、架設網格，春天時長出莖枝，盛夏開花、秋天就結果了。

● 樹莓修枝方法
a 秋天結果的樹莓，當葉子開始掉落，就修剪到接近地面即可。
b 夏天結果的樹莓，採收之後，將有結果的莖枝修剪到接近地面。春天再將剩下的莖枝修剪到離地 50 公分。

● 黑莓修枝方法
種植第二年莖枝會結出果實，因此不可以在初種那一年就進行修枝。早春請修去枯萎的莖枝，選擇看起來粗壯健康的莖枝，修剪至剩 15 公分。春天開花的時候，就能吸引蜜蜂過來。

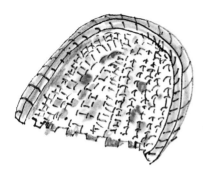

A Harvesting Basket

▌澆水的學問

「有了自己的庭院，就會開始注意天氣。耳朵開始能聽見細雨的聲音，一邊想像剛種下的植物都獲得滋潤、得到滋養。相信再也沒有比這件事更能讓人快樂的了。」

——佚名

　　植物通常是用根部吸收水分，在濕度很高的情況下，有時也會透過葉片吸收，多餘的水分會透過葉片排放。在地表往下一定深度的地方，有地下水存在，隨著季節不同，地下水的深度會上上下下有所增減。

植物需要的水量

　　在照顧香草的過程中，慢慢就會知道土壤需要保持的濕度。種下植物後，要養成每天觀察一次土壤濕度的習慣。剛種下的幼苗或種子，要用孔洞比較細密的灑水壺慎重澆水。種有香草的庭院，最少每隔一天就要去巡視，看看植物是否缺水。

　　不同的季節，香草需要的水量也會有所變化，因此要配合改變澆水的方式。夏天植物需要大量的水分，但只在炎熱的時候才澆水會造成反效果。因為植物為了吸收地表留存的水分，根系會往上爬升。當根系接近地表生長，就很容易受到傷害。夏季請在太陽照射不到的傍晚時分澆水，讓植物可以在涼爽的夜晚，慢慢吸收水分。

　　秋天植物的活動趨於休止，不需要太多水分。冬天幾乎不用澆水，但要偶爾給屋簷下、室內，以及冬天開花的植物澆一些水。

　　在植物生長期務必要給予充足的水分。除了苗盆，幾乎所有的植物都是一次大量給水效果較佳，而不要頻繁地少量澆水。澆水時可將水管直接放在花壇上，打開讓水流 5～10 分鐘，這樣一來水就能深入地底約 30 公分，可以幫助植物根系深入地底，牢牢抓住土壤。需要注意的是，水澆太多跟水分不足同樣都有不良影響。因此建議在園藝筆記中，一一記錄每種植物需要的日照量、喜歡濕潤或乾燥的土壤，幫助自己記憶。

澆水祕訣

● 給花壇澆水時，水管或灑水壺要固定在離植物的莖枝 5 公分的位置澆水。依據盆栽缽的大小，澆灌時間可在心中默數 10～20 最適宜。要仔細確認是否整個花壇都變濕潤。
● 葉片及花朵要稍微灑水，使其呈水嫩狀。
● 夏天請在傍晚後澆水，夜間吸收水分。
● 冬天為了避免凍傷，早晨澆水比較好。
● 洗米水、煮麵水（烏龍麵、長壽麵、義大利麵用水）也可以用來澆灌，澱粉會讓植物充滿生氣。

The Old Pump for Rain water.

附手壓式抽水幫浦的雨水集水桶

September
9月

秋之七草在涼爽的微風中搖曳，各種色彩交織出一幅優美景致。

9月

我的鄉村花園

kujakuso
紫菀

「我筆下所描繪的豐富色彩，皆來自於我的靈感來源——大自然。」

——莫內

The richness I achieve comes from Nature, the source of my inspiration.

——Claude Monet

九月之後，夜晚一天一天變長，在日本和曆中被稱為「長月」。自古以來秋分時節的中秋滿月，是人們祈求稻米及蔬菜豐收的時刻。炎熱的夏季過去，秋天悄悄到來，陽光變和煦，空氣變得乾燥清爽，庭院需要做的工作也變少了。

今天我將庭院打掃乾淨後，坐下來寫了這篇日記。窗外楓葉的尖端，紅色變多了。炎熱的天氣持續一週，庭院裡的植物好不容易在昨晚一場雨的洗滌下恢復元氣。秋天是豐收的季節，水果都成熟，結出種子了。

幾年前有一位英國友人來我家喝茶，他看到庭院讚嘆說：「哇！真是一座好棒的和風鄉村庭園。」後來有一位日本知名作家到我家作客，他卻說庭院「到處都是草」，聽他這樣說我一邊笑一邊覺得，「鄉村花園」在日本或許是很陌生的概念。

在此就簡單介紹一下庭院的歷史吧。漫長的歷史進程中，世界各地發展出各式各樣不同的庭院。最久遠甚至可以追溯至西元前三千年前，在埃及壁畫、波斯伊斯蘭繪畫、還有古羅馬時代流傳下來的中庭等，都可以看出寺院及森林當中已經有專門種植藥草的庭院，並且由神職人員負責照顧管理。隨著羅馬帝國沒落，羅馬的莊園式庭院逐漸消失，相對的，南歐則出現初期基督教的修道院庭園。

這樣的修道院庭園慢慢在整個歐洲普及，修道士以自給自足為目標將其不斷發展。他們在長方形花壇中種植香草、花朵及蔬菜，在視野良好、取名為「天國」的中庭裡種植有香氣的花朵，並用來裝飾教會。

一三四〇年代，在鼠疫流行的英國，為莊園領主工作的農人，會被分配到一處附有庭院的小農舍居住，他們在庭院栽種蔬菜、花朵及

香草。這就是鄉村庭院的開端。建造這些庭院不是為了觀賞，而是迫於生活所需，因此設計多半與任何風格無關，而只是呈現自然的風貌。農人會將牧草地上採集來的各式花朵，種在庭院的空位。他們會充分利用每一塊土地，栽培可以治療輕微病痛的香草、食用蔬菜，以及能製作鮮花水等生活用品的花卉。

我童年時曾在幾個大莊園生活，那裡有大片的草皮、玫瑰園，以及種有山茶、杜鵑或繡球花等巨大花壇打造的傳統花園（Formal Garden，依幾何圖形設計的整齊花園）。蔬菜及香草則種植在另一個庭院，四周有牆壁環繞、約一千坪的範圍。家裡有三、四位專職園丁，在莊園的腹地生活，專心從事庭園的工作。在此環境成長的我，從很小的時候就夢想有一天，能夠擁有我自己的鄉村庭院。而當我遇見大原的古民宅後，這個夢想成真了。

我為地藏菩薩石像所打造的鄉村庭園，一到春天毛地黃、千鳥草、矢車菊等歐洲原生野草就會瘋狂綻放。到了秋天，則由日本的野草取而代之。現在我家的鄉村庭院，正是觀賞秋之七草以及高貴菊花的最佳時機。秋天爽朗的微風輕拂，許多花朵隨風輕輕搖曳。

秋之七草曾在日本最古老的和歌集《萬葉集》中被歌詠，其為奈良時代西元七五九年所編撰。古人為了恢復酷暑喪失的體力，會喝這種利尿的香草茶。其中秋季採收的香草如桔梗、芒草、石竹、胡枝子、黃花龍芽草、澤蘭，我的庭院都有種植。只有侵蝕性高的葛，我將其交付給大自然，在附近的高野川岸邊繁殖。碩大的綠色葛葉有類似無花果的銀色紋路，在其遮蔭下帶有清香酒紅色花朵正在開放。

在英國，花朵開完以後，觀賞枯萎的花冠是秋天的樂趣之一。因此我在花期結束之後，也會將它們保留，守護花朵的一生到最後一刻。這樣還可以讓植物做好準備，隔年長出強壯可深入地底的根系。

深紅色、泛紅的橘色、閃耀的金黃色……秋天的色彩是非常豐富的，既有深度又帶著溫暖。在這個微涼但還算溫暖的季節裡，我將家中的門窗全都打開，播放安靜的蕭邦樂曲，給庭院裡的植物們聽。我也一起聽著音樂，製作藥用香草，並保存準備過冬的香草。

幾個小時後，我將完成的藥用香草糖漿裝瓶，放到陰暗處。關掉音樂，決定在傍晚時分去散步一會兒。走出村莊來到寬闊的空地，日落時分，無限延伸的天空中嵌附幾片雲朵。圍籬及堤岸上開滿了像火焰燃燒的紅色石蒜。

我走在碎石子路上，看見兩隻綠雉在剛割完稻穀的田裡嬉戲，佇足看了一下。或許是注意到有人在看牠們，毛色紅綠相間的公鳥發出一聲長鳴，兩隻鳥就這樣飛走了。我在大原的田間小徑繞了一圈，回到河邊去。在水流很急的河川中有一隻鷺似乎要抓小魚來當晚餐，我屏住氣息不想驚動牠，但牠很快就發現我，立刻振翅往芒草原上日落的高空飛去。

「花朵和雜草的界線到底在哪裡呢？」我一邊看著堤岸上綻放的花朵，一邊思考，往家的方向折返。村落中古老的民宅，每一家的澡堂都升起裊裊炊煙。

室外光線逐漸變暗，滿天星斗開始閃耀。我在堤岸上坐下仰望天空，星星的數量愈來愈多，也愈來愈亮。中秋的明月不知從何處靜靜現身，依偎在我身旁，像在傾聽我的心情。

{四季之美}

秋天也來拜訪我的庭院。秋之七草在微風輕拂下搖曳。
古人飲用利尿的七草茶,來消除在炎熱夏季所累積的疲勞。

花瓣掉落之後,就這樣靜靜等待種子完全成熟。
在英國,這也被視為秋季的一種美景。
在花朵凋謝之後,讓葉子和種子在植株上轉變為金黃色,
對植物來說是非常有益的事。

春季,是少女之美。
夏季,是豐腴出水的成熟女性之美。
秋季,是微微褪色的中年女性之美。
冬季,是思慮深遠的銀髮女性之美。

不同世代的女性都有其美麗之處。

Toranō
隨意草

{種子}

早晨,秋日蔚藍的晴空中太陽閃耀。
蜻蜓在黃色的菊花花苞上飛舞。
日照漸漸變短,菊花也知道差不多該開花了。

已經到了為明年春天保存種子的時期。種子成熟後,選一個溫暖的日子在傍晚採收。
如果能將採收的新鮮種子就這樣撒在土裡、維持濕度,只要靜心等待發芽即可。
有適當的陽光、溫度、濕氣,就能長出苗壯的幼苗。

我們的心中,也有許多靜靜等待萌芽的種子。只要能夠發覺自身潛藏的無限可能。
相信自己,就會有魔法發生。

{天球的音樂}*

植物是非常敏感的,它們能感受到我們的悲傷與喜悅。
把植物放在吵雜的電視或電器附近,它很可能會枯萎死亡。

相反的,溫柔地跟植物說話,播放安靜輕鬆的音樂給它們聽,
它們就會非常開心而充滿元氣。

植物就像美麗的女性。只要誇獎它漂亮,就能茁壯成長,開出許多美麗的花朵。

我們也要能敏銳察覺自己內心深處的聲音。
若能確實做到,或許你會感到驚訝,自己甚至能感受到周圍草木的脈動。

*畢達哥拉斯主張每個星球自轉都會發出聲音,整個太陽系運行會發出
合奏一般的音樂聲。這個說法後來被納入基督教的教義。

Each Season Has Its Own Beauty

Autumn comes to my garden. The seven grasses of autumn are gently lilting in the soft breezes. Their diuretic teas helped people in the ancient times to recover their energy after the long torrid days of summer.

As the petals fall off the flowers I leave the seed heads to ripen. In England we believe this is one of the beauties to enjoy in this season. Leaving the leaves and the seeds of the flowers to become golden is also good for the plant. It helps the plant to expand and strengthen its roots for the following year.

Springtime is like the beauty of a young girl.
Summer has the rich beauty of vibrant womanhood.
Autumn has the faded soft beauty of the older middle-aged woman,
and winter has the beauty of a wise silver-haired lady.

In each age, women are beautiful.

Seeds

The early autumn sun shines out of a perfect blue sky. A dragonfly hovers over the yellow buds of the chrysanthemums. They have an inbuilt way of knowing that the days are getting shorter so it's their turn to flower.

It's time to save the seeds for the following spring. Seeds should be collected when ripe on a warm evening. If possible they like to be sown fresh into the living soil and kept moist until they sprout. If we provide the right amount of light, heat and humidity, they will grow to be healthy seedlings.

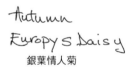

Autumn
Europy s Daisy
銀葉情人菊

Our heart is also holding many seeds, which are quietly waiting for us to allow them to germinate, if we can awaken to the possibility that each one of us has. Believe in yourself and magic will happen . . .

Music of the Spheres

All plants are sensitive. They know when we are sad or happy. If you place them near a noisy television or an electrical appliance, they will often wither and die.

However, if you speak gently to them and play some soothing tranquil music for them, they will smile and flourish.

Like a beautiful lady, if you tell a plant she is beautiful, the plant will grow strong and will be covered with many flowers.

Let's become sensitive to our own inner heart. You will be amazed, for you will be able to feel the heartbeat of the plants and trees around you.

（左）採收的羅勒能做出最好的抹醬。天竺葵可以用來做蛋糕或點心。
（上）屋簷下吊著各式各樣的香草。

羅勒 ★ 香草之王

名字含有「王者」之意的羅勒，古時候認為是通往天國的門票。在印度及歐洲某些地區，到今日還會讓死者手握羅勒，祈求能順利進天堂。

有許多料理人將羅勒稱為「香草之王」，在炎熱夏季裡是製作沙拉不可或缺的材料。新鮮的羅勒能讓義式料理更加美味。

印度的傳統醫學阿育吠陀，治療壓力、氣喘、糖尿病的時候會使用羅勒，用來泡香草浴也能改善感冒及咳嗽。羅勒能夠帶給人活力，不只可以刺激免疫系統，還可以提升記憶力並集中注意力。據說也能改善女性月經不順，提升生殖能力，但懷孕時請避免大量攝取。

九月是最適合採收羅勒晒乾，準備過冬的季節。可以將羅勒製成抹醬，放入玻璃容器中冷凍，這樣整個冬天都能使用。

● 栽種訣竅

半耐寒的一年生草本植物。喜歡吹不到風、全日照的環境，日正當中時若能稍有遮蔭比較好。適合排水良好、具保濕性的肥沃土壤。種植前可以先在土壤中混入堆肥。夏天要注意不可過度澆水。等到植株長高，在開花之前剪除莖葉，耐心等待新芽會不斷冒出。
★夏天可以將羅勒盆栽放在窗戶下方，能驅除蚊蠅，蚜蟲、黑蠅、叩頭蟲、實蠅都不喜歡靠近。
★蜜蜂非常喜歡羅勒。

Sweet Basil
甜羅勒

番茄羅勒烤沙丁魚
Grilled Sardines with Basil and Tomato

這是我一位老朋友馬克教我的簡單料理。番茄太多的時候，加上油漬沙丁魚罐頭，就能做出這道清爽的菜餚，請搭配法國麵包一起享用。

材料
油漬沙丁魚罐頭
（不可加特殊調味）……2 罐
番茄（切薄片）……4 顆
新鮮羅勒……6 根
鹽、胡椒……少許
橄欖油……6 大匙

作法
1 將沙丁魚排在淺烤盤上。
2 作法 1 上鋪番茄，放上 4 根羅勒。
3 整體淋上橄欖油，撒鹽、胡椒調味。放進預熱 180 度的烤箱烘烤 10～15 分鐘。取出後擺上剩下的羅勒裝飾。

羅勒青椒鑲肉

Stuffed Bell Peppers

小時候，我會央求父親帶我去日內瓦的一間伊朗料理店，只是為了想吃這道料理。這是我家餐桌經常出現，用大原青椒做的菜。

材料
青椒……大的 7 顆
絞肉……400g
S 尺寸雞蛋……1 顆
紅酒……2 大匙
伍斯特醬……1 小匙
蒜頭（切碎）……1 瓣
新鮮肉桂羅勒葉（切碎）……12 大片
新鮮甜羅勒葉（切碎）……4 大片
鹽、胡椒……少許
墨西哥辣椒醬或哈瓦那辣椒醬
（Tabasco or Habanero）……數滴
麵粉或太白粉……少許
沙拉油……適量

作法
1 除了青椒與沙拉油的所有材料拌勻。
2 青椒切對半去籽，撒上一些麵粉（或太白粉）填入作法 1 的肉餡。
3 平底鍋加熱一層薄油，鑲肉那面朝下用中火煎幾分鐘。肉稍微上色後，加蓋用小火燜煎幾分鐘。翻面後繼續燜煎數分鐘，直到青椒呈微焦色。

托斯提尼開胃小點

Basil Crostini

這是一道臨時有客人來訪時，可以快速完成又體面的開胃菜。撒一些黑胡椒趁熱享用，非常適合搭配義大利紅酒。

材料（6 人份）
細長型法國麵包（小切面）……1 根
奶油（室溫放軟）……適量
莫札瑞拉起司或其他起司……100g
全熟番茄（去皮去籽）……1 顆
（可用罐頭番茄代替）
罐頭鯷魚片（過水洗去鹽分）…6 片
新鮮羅勒葉……6 大片

作法
1 法國麵包切成 1cm 薄片狀，兩面都塗一些奶油，排在耐熱容器上。
2 莫札瑞拉起司切薄片，每片麵包上放一片。
3 番茄切薄片，每片麵包都放上番茄與鯷魚，交疊成十字型。
4 放入預熱 200 度的烤箱烘烤 15～20 分鐘。莫札瑞拉起司烤太久會變硬，烤到起司開始融化即可。
5 從烤箱中取出，放上羅勒葉裝飾。

辣根 ★ 讓人心情振奮的味道

Horseradish root

小時候每週日早上十一點，我們全家都會跟著繼父喬到教會去做禮拜。母親不是那麼勤勞的基督徒，會獨留在家中準備大家的午餐。在英國的傳統裡，週日的午餐被稱為「週日團聚（Sunday Joint）」，大家會聚在一起吃牛、羊、豬、雞等肉類燒烤料理。我家的廚房庭院中有種植辣根，要製作牛排佐醬時，母親總會差遣我去拔一些辣根回來。

將辣根在低壓榨取油中浸泡數週，然後當作按摩油使用，可以提振精神，治療肌肉痠痛，還能讓嚴重感冒消失無蹤。

辣根磨成泥，加入氣泡蘋果醋中，稍微稀釋一下，就是很好的頭髮潤絲精。下雪時在室外活動若有凍傷，喝下辣根香草茶能夠讓身體溫暖。直接用新鮮的辣根做菜，可以活化消化器官、增加食慾。

今天晚餐要招待特別的客人，我用烤箱烤了塊牛肉，將辣根磨成泥做成佐餐淋醬，想要用英式的「週日團聚」餐點招待貴賓。

● 栽種訣竅

原產於亞洲西南部，耐寒的多年生草本植物。
喜歡日照良好且開放的地方。根部會深入土壤生長，用質量輕且潮濕的土壤種植，就能培育出又粗又直、容易挖掘的塊根。夏天結束到秋天之間不可輕忽澆水。
秋天只挖出需要的分量採收，然後埋在裝滿沙子的箱子中，放在涼爽處保存，也可以泡在醋或油當中保存。
★種植在馬鈴薯周圍，可以幫馬鈴薯預防疾病與害蟲。

英式傳統辣根醬
Traditional Horseradish Sauce

經過兩年漫長的等待，辣根終於可以採收了，趕緊用它做一個好吃的醬料吧。

材料（4～6 人份）
奶油……25g
麵粉……25g
牛奶……300ml
辣根（去皮後磨泥）……1～2 大匙
鮮奶油……3 大匙
砂糖……少許
檸檬汁……數滴
鹽、胡椒……少許

作法
1 熱鍋後融化奶油、加入麵粉，少量多次慢慢加入牛奶，用矽膠攪拌棒拌勻至濕潤的黏稠狀。
2 離火加入剩下的材料，再以不會沸騰的小火溫熱即完成。

★辣根薄荷醬
將剁碎的薄荷葉與辣根泥溶在少量水中，再加入少許檸檬汁、蜂蜜、鮮奶油拌勻，就是一款很適合搭配烤鮭魚等魚類料理的醬料。

啤酒花 ★ 使人放鬆的香草

Hops.

那是很久以前的事了，我走在深山小徑中，要到一個叫做美山的聚落去，那裡整個村莊都是茅草屋頂。我在美山看見許多香草，向當地人買了一些啤酒花莖枝，種在家中庭院。啤酒花的藤蔓現在每年都會蔓延如同綠色窗簾，讓庭院裡有涼爽遮蔭的場所。

我會將啤酒花淡綠色的花朵摘下，放在屋簷下等它乾燥，再放入枕頭中。這種香草枕可以讓人睡得又香又甜，乾燥的花朵也可以用來泡茶或泡澡。

古代英國因為缺乏安全無虞的水和飲料，每個村莊都有釀造廠。人們會在這些地方用牛蒡、蒲公英、歐夏至草（苦薄荷）等有苦味的香草，製作蘋果酒或淡啤酒（酒精成分較低的發酵啤酒）。加入有苦味的啤酒花，有天然防腐劑的效果，也可以讓人情緒放鬆，是一種能改善頭痛跟消化器官的香草。

在炎熱的天氣中健行過後，沒有任何東西比冰涼的啤酒更美味了。

● 栽種訣竅

耐寒的藤蔓性植物。喜歡全日照環境，排水良好、具保濕性的肥沃土壤。植株分雌雄，會分別開出雌花與雄花。雄花的花房較小，雌花有黃綠色像松果一樣的花球，在晚夏採收就是釀造啤酒的原料。啤酒花成長非常快速，如果有網繩或支柱給予支撐，甚至可以延伸到 8 公尺。請在秋天修剪藤蔓，冬天用厚厚的堆肥覆蓋，感謝它的貢獻吧。

啤酒花薰衣草香氛靠枕
Lavender Hop Herb Cushion

每年一到夏天我都會採摘啤酒花淡綠色的花球，待其乾燥後用來做香草枕。啤酒花的花球又輕又大，用來做靠枕的填充物剛剛好，而薰衣草也是能使人放鬆的香草。

材料
布料、棉花、蕾絲或緞帶……適量
薰衣草精油……數滴
乾燥啤酒花花球、乾燥薰衣草花…適量

作法
1 用一個大容器，將啤酒花和薰衣草以 2：1 的比例混合後，再滴入幾滴薰衣草精油。
2 將布料裁剪成喜歡的靠枕尺寸，把棉花以及同分量的作法 1 塞入其中。
3 收口縫合使內填物不要漏出，最後用蕾絲或緞帶裝飾。

茴香 ★ 備受讚譽的香草

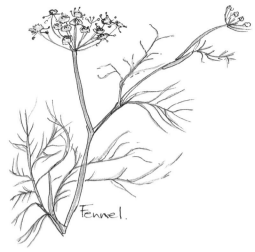

Fennel.

秋天是豐收的季節。樹木的葉子開始變色，並結出種子。在我眼前展開的田地裡，以茴香為主種植了許多需要空間的香草。

原產於地中海沿岸的茴香有許多用法，現在世界各地都有栽培。

茴香的葉子，是魚類料理固定會用來佐餐的香草，也可以做成香草茶。不但能使肌膚滑嫩，還有保持記憶力和視力的功效，一般認為可以活化大腦。

茴香籽是中國代表性綜合香料「五香粉」的原料之一，用其泡茶可以消除空腹感，有助於減肥。方法是加 1 小匙茴香籽到煮沸過的熱水中，燜 10 分鐘，過濾後再慢慢喝下，這款香草茶對宿醉及肝臟都有益處。茴香也能幫助產後婦女增加泌乳。佛羅倫斯茴香的球莖可以食用，汆燙或做成湯品都很不錯。

我將已經開花的茴香莖枝倒掛，吊在廚房裡風乾。水壺裡的水也滾了，放入茴香籽，泡一些香草茶喝吧。

● 栽種訣竅

耐寒的多年生草本植物。冬天地面上的部位會枯萎，但地下的根會繼續存活。喜歡陽光，稍有遮蔭的地方也可以生長。適合排水良好、具保濕性的土壤。要注意不可過度澆水。與蒔蘿會彼此競爭，最好不要種在一起。

★茴香可以吸引益蟲食蚜蠅靠近。

★蜜蜂非常喜歡茴香。

茴香鱈魚子泥前菜
Taramasalate Pâté with Fennel

在希臘傳統料理中最受歡迎的前菜之一，也是我母親很喜歡的食譜。冷藏可以保存一週。

材料
奶油起司⋯⋯100g
鱈魚子（剝碎）⋯⋯120g
奶油⋯⋯5g
蒜頭（切碎）⋯⋯1 瓣
洋蔥（切碎）⋯⋯1 大匙
檸檬汁⋯⋯適量
鹽⋯⋯少許
鮮奶油⋯⋯10ml
新鮮茴香葉（拌入鱈魚泥）⋯2～3 片
新鮮茴香葉（裝飾用）⋯⋯2～3 片

作法
1 平底鍋加奶油，拌炒鱈魚子、洋蔥、蒜頭。
2 除了作法 1 與裝飾用茴香葉，所有材料都用果汁機打成泥狀，放進冰箱冷藏至稍微凝固變硬。
3 用小碟子裝盤，放上茴香葉裝飾。

茴香蕪菁鮮魚濃湯

Hearty Fish Soup with Turnip
and Fennel

冬天時，我的朋友會在田地種植蕪菁。有時早
上起床會發現，家門前擺了一箱很漂亮的蕪
菁。英國人常在冬天煮蕪菁湯，魚和蕪菁的味
道很搭，可以互相提出彼此的鮮甜滋味。

材料
白肉魚（去骨）……400g
蕪菁……1 顆
洋蔥（切碎）……1 顆
紅蘿蔔（切碎）……1 根
蔥白（切碎）……1 根
月桂葉（新鮮或乾燥）……1 片
巴西利莖枝（新鮮或乾燥）……4 根
水……500ml
鮭魚……225g
牛奶……500ml
奶油（濃湯用）……25g
奶油或沙拉油（煎魚用）……15g
麵粉（濃湯基底）……1 大匙
酸奶油或鮮奶油……2 大匙
鹽、胡椒……適量
新鮮茴香葉（裝飾用）……2 大匙

作法
1 將白肉魚、蕪菁、洋蔥、紅蘿蔔、洋
蔥、月桂葉、巴西利與水放入鍋中，
用小火煮 30 分鐘至蕪菁變軟。
2 平底鍋加熱融化奶油，稍微煎一下鮭
魚。去骨後切成一口大小。
3 取出作法 1 的月桂葉和巴西利，加入
牛奶。
4 將作法 3 用果汁機打成滑順濃湯狀。
5 取另一個鍋融化濃湯用奶油，加入麵
粉，用中小火輕輕攪拌約 1 分鐘，再
少量多次慢慢加入作法 4。
6 將作法 2 的鮭魚加入作法 5，用中火
煮至魚肉變軟。
7 加鹽、胡椒調味。依個人喜好趁熱加
入酸奶油或鮮奶油拌勻，擺上茴香葉
裝飾。

茴香濕敷舒眼霜

Fennel Eye Bath

雨天無法進行庭院工作時，我會濕敷這款幫助
恢復視力的眼霜，適合用來紓緩眼睛疲累或眼
睛發炎疼痛。

材料
新鮮茴香葉……1 杯
茴香籽……1 小匙
鹽……少許
水……2 杯

作法
1 在沸水中加入所有材料，用小火煮
20 分鐘。
2 熬煮液過濾後放涼。
3 將棉布放入熬煮液中泡濕，躺下閉上
眼睛，將棉布敷在雙眼上。

艾菊 ★ 可以驅蟲的香草

　　庭院也開始感受到秋天的氣息。今天下午有一個老朋友來拜訪，我拿出最好的茶具，到庭院摘了一些艾菊花泡茶。

　　艾菊喜歡在日照良好又乾燥的庭院一隅生長。因為可以驅蟲，有時也會種在果樹或菜園附近。我從黃色花壇上摘取圓葉薄荷和艾菊花，想做一把香草花束。

　　艾菊整個植株的香氣都很重，古人會摘下艾菊葉摩擦生肉或生魚，用來驅逐蒼蠅。乾燥艾菊是強力防蟲劑，擺放在家中，不但看不到蒼蠅或螞蟻，連老鼠都不見蹤影。但艾菊不可服用，要特別小心。

　　我回到家中，將花束插在小小的綠色花瓶中，等待朋友到來。

- -

● **栽種訣竅**

耐寒的多年生草本植物。在乾燥且石頭多的土壤中可以生長得很好。有驅蟲作用，經常種植在果樹周圍。

- -

Tansy

驅蟻&驅鼠艾菊香草束

Tansy Ant and Mouse Repellant Posy

我唯一害怕的動物就是老鼠。每年我都會製作這款香草束，放在廚房中驅離螞蟻跟老鼠。

材料
乾燥連莖艾菊……8 根
乾燥羅勒……4 根
乾燥普列薄荷……4 根
乾燥薰衣草……4 根
緞帶……適量

作法
1 將所有香草全部用緞帶綁成一束。
2 家中如果有螞蟻入侵，可以在螞蟻或老鼠必經之處放這種香草束。

Lemon Verbena

檸檬馬鞭草奶油炒雞

Lemon Verbena Lemon Chicken

使用大量檸檬與奶油，用炒鍋就可以做出清爽的雞肉料理。剩下的奶油醬汁，還可以加到肉汁淋醬中做其他料理。

材料（4 人份）
雞胸肉……4 片
麵粉……2 杯
檸檬汁……1 顆分量
鹽、胡椒……少許
新鮮檸檬馬鞭草……8 根
（4 根摘下葉片使用）
奶油……200g

作法
1 雞胸肉用廚房紙巾吸乾水分。撒一些鹽、胡椒，再拍上麵粉。
2 用炒鍋或深平底鍋融化奶油，沸騰後放入作法 1 雞肉煎至兩面酥香。
3 在鍋中留下適量奶油，多餘的奶油可移到別的容器，加入其他料理。
4 在鍋中加入檸檬汁、4 根檸檬馬鞭草的葉子，稍微拌炒一下。
5 雞肉盛盤，將檸檬奶油醬汁趁熱淋上去，用剩下的檸檬馬鞭草裝飾。

檸檬馬鞭草 ★ 魅惑人的香草

今天我一個人在庭院裡除草。家人都出門了，只剩下陽光和大地與我相伴，我開心地享受這份寂靜。

撥開成群的檸檬馬鞭草，陣陣美好的香氣會讓人感覺到幸福。這種原產於南美洲，擁有魅惑力量的香草，是十七世紀時由西班牙人帶回歐洲的。

我會將檸檬馬鞭草加入砂糖、冰淇淋、冰沙、水果沙拉、蛋糕、果醬中增添風味。泡澡滴幾滴檸檬馬鞭草精油，或加入熬煮液，可以讓人神清氣爽，據說也有止吐功效。

將乾燥過的葉子做成香草枕，會有一股神聖的香氣。檸檬馬鞭草的精油可以讓肌膚柔嫩，我會加一些在自製面霜中。

用檸檬馬鞭草來做洗指缽也很棒。餐宴場合如果有需要用手直接拿取的菜餚，可以在水晶碗盆中放冰水跟檸檬馬鞭草葉，用此洗手感覺很清爽。

我摘了一些葉子，回到廚房泡一壺檸檬馬鞭草茶。喝下後感覺到微微的鎮定效果，閉上雙眼後在迷濛中夢見過往的時光。每個人的內心深處，都擁有平靜的泉源。

● **栽種訣竅**
不耐寒的落葉矮木。秋天結束的時候，將細長的莖枝修剪乾淨，等到天氣變冷，用稻桿將整棵植株包覆起來，並且在根部充分覆蓋避免凍傷，就能耐受零下 15 度的低溫。到了春天取下稻稈，對植株噴一些溫水，耐心等待新芽冒出。
種在盆栽中的植株，可以搬進溫暖的室內過冬。冬天以外的季節，喜歡大量日照及水分。春夏期間，每個月施加一次康復力液態肥料會長得更好。

A Cold Frame

▌從種子培育一年生香草

「不斷開花，努力就會獲得回報。」

　　芫荽、金盞花、巴西利、細菜香芹、矢車菊、毛地黃、三色菫等耐寒的一年生香草，要在秋天種植，放入小型的簡易溫室，它們也能耐受嚴冬的低溫。

　　千鳥草、罌粟花、黑種草、金蓮花、羅勒、德國洋甘菊等較不耐寒的一年生草本植物，則需要等到土壤變暖，再直接種在庭院中。在大原，約莫四月時可以種植。

　　為打造春天的庭院，可以在降霜最後三週前，將一年生的香草及蔬菜的種子播在育苗盤或盆栽缽中放在室內。事先有萬全的準備，之後成長期就會出現很大差別，也能早一點採收。可用芫荽、蒔蘿、金蓮花、羅勒、巴西利、細菜香芹等一年生香草植物試試看。播種後為了避免泡水，建議使用顆粒較粗、排水良好的優質土。

　　想要全年都有一年生香草可以使用，不妨每隔幾個月就重新種植一次。但是因為日本的夏天比英國炎熱，七月下旬到八月底之間可以暫停播種。相對的，因為日本秋天比英國溫暖，能夠培育採收香草的時間也拉長了，到十一月底都還能採收香草。

播種的祕訣

● 種子的間隔要稀疏一點。種得太密香草長不好，會造成浪費。

● 土壤太冰冷時，等回暖的日子再播種。

● 先將土壤放入育苗盤或盆栽缽中，將表面刮平。依據種子大小播種的方式也有差別，愈小的種子要埋得愈淺。
　★細小的種子要壓進土壤表面培育。
　★細小至中型的種子可如下方照片，稀疏撒在土壤上面，用篩子輕輕覆蓋 1 公分厚的土壤。
　★大型種子可以用鉛筆在土裡挖一個洞，將種子放入再埋起來。

● 播種後要用孔洞細小的灑水壺澆水，維持土壤濕度。種子發芽後，就可以移到通風且日照良好的地方。發芽後也要保持土壤濕潤。

● 一次播種數量不要太多，將採收期錯開。

● 發出太多芽要疏苗。先澆水，等 1 個小時之後再進行疏苗。

● 菠菜、巴西利、紅蘿蔔種子，播種之前先泡在水中 24 小時，可以加速發芽。

● 豆類種子最好在春天播種。

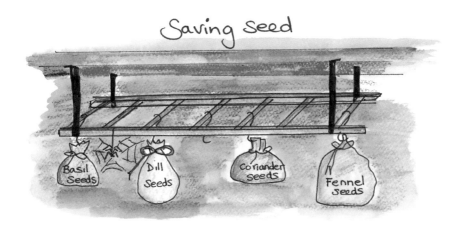

Saving seed

種子的保存

　　芫荽、羅勒、罌粟花、茴香、蒔蘿的種子都能用簡單的方式保存。

● 方法

1　想要保存的種子可以在晴天採收。
2　有種子的頭狀花序，要連莖一起放入紙袋保存。
3　將莖枝倒掛，吊在通風的陰暗處風乾。
4　把想要保存的香草或花朵種子（連豆莢或袋子一起），放入貼標籤的紙袋中保存。
5　將已乾燥的種子抖落，放入乾淨信封中。
6　把這些信封放在乾燥陰暗的場所保存。

回收利用衛生紙捲筒或雞蛋紙盒來育苗非常方便。移植到花壇上時可以連紙盒一起埋入土中，這些紙最後都會被分解變成土壤。在晴天移植時，就這樣澆水，也可讓植物根系充分吸收水分。

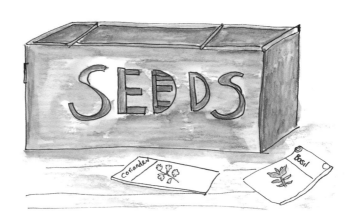

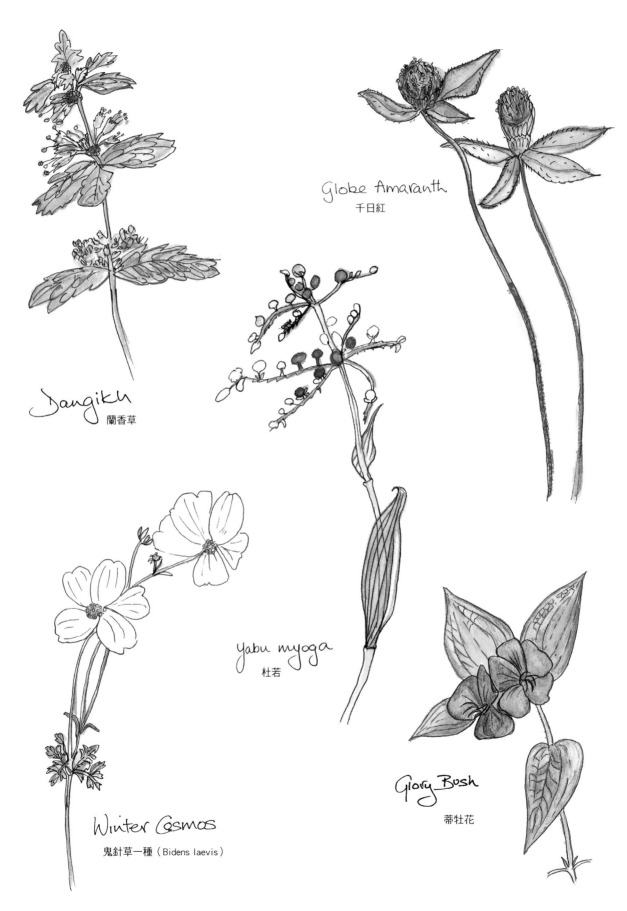

Globe Amaranth
千日紅

Dangiku
蘭香草

yabu myoga
杜若

Winter Cosmos
鬼針草一種（Bidens laevis）

Glory Bush
蒂牡花

Shukaido
秋海棠

We may grow old, but in the garden,
our heart doesn't ever change.

我們會一年一年增加歲數，但在庭院裡我們的心可以永保青春。

October

10月

無花果光澤亮麗的大片葉子，把西班牙花園妝點得更加美麗。

10 月

古代的眾神與大自然

Hairy Toad Lily
Autumn
油點草

「地球，同時也是母親。

她是所有大自然之母，是全人類的母親。

在她的裡面存在著所有物種的種子，

是所有生物之母。」

——赫德嘉（十二世紀）[1]

The earth is at the same time mother,
She is the mother of all that is natural,
mother of all that is human.
She is the mother of all,
for contained in her are the seeds of all.

——Hildegard of Bingen (12th century)

日本古時候稱十月為「神無月」，意思是「神明不在的月份」。人們相信在這段期間，全國各地的神明會到日本最古老且重要的神社，即島根縣的出雲大社去參加一年一度的會議。

根據古代流傳下來的《日本書紀》[2]，大國主大神在完成建國大業後，有一天對祂的神明子民說：「從今以後吾將各國交予汝等，吾已為汝等在各國建造家園，汝等將於其中誦唸禱文，祈求人民生活幸福快樂。」

大國主大神將精神世界交給自己的孩子們掌管。而物質世界則讓渡給太陽神天照大神，天照大神則在宇迦山麓建造出雲大社給大國主作為交換。從此以後每年到了十月，全國各地的所有神明都會聚集到出雲大社，向大國主大神報告過去一年的事項，然後商討隔年人民的婚姻、死亡與新生。

我在腦海中描繪古代眾神開會的景象，思考幾千年來祂們到底都在談論什麼。一邊想像神明的對話，忍不住笑了出來。

午後的日本花園有清爽的涼風在楓葉間嬉鬧。今年夏天出乎意料地炎熱，幾乎沒有下雨。太陽慢慢隱身於我家後方翁鬱高聳的杉樹林，我努力為薄荷花壇除草，看見蜻蜓往盛開一片的粉紅色秋芍藥飛去。之後我到簡易溫室附近坐下，這個時期應該要事先育苗，為隔年春天預作準備了。到了秋天，當夏天的花草漸漸消失，冬天的草還未現蹤，就是該開始播種的時候。找一個溫暖的日子，在傍晚將成熟的種子於乾燥狀態下收集起來。把種子播種在充滿微生物的有機土壤中，到種子發芽之前都要

保持濕潤。只要有適當的光線、熱度與濕氣，就能培育出健康的幼苗。

今年我嘗試了古代流傳下來的「月亮種植法（Lunar Plating）」。月球對地球的引力會改變水位高低，在大海中引發潮汐起落，因此月亮的圓缺週期也會影響草木生長。古人會將一年生植物的種子在滿月時種下，因為此時正值潮位上升，有助於種子發芽。相反的，多年生的植物則要在滿月過後，月亮開始出現缺口時種下。此時水分會滲透到地底深處，有助於多年生植物往地底扎根。

古代的農民還會觀察鳥類及天象來預測天氣。正在製作隔年的種子收集袋時，突然有兩隻燕子出現在空中，並降落在田地裡。看著舒服清澈的藍天，不自覺嘴角也掛滿笑意。燕子開心地在空中飛舞，一邊捕食昆蟲。

不過，如果快要下雨了，燕子就會保持低空飛行。當雨雲靠近，昆蟲會往河流、池子的水面或地面移動。燕子為了捕食昆蟲，飛行動線也會隨之改變。因此，當燕子低空飛行，我們便能知道快要下雨了。

播種結束後我想小歇片刻，於是回家喝了一杯迷迭香花草茶。秋天，教我任何事都會在該發生的時刻發生。在這個樹葉開始枯萎凋零的季節，也許是回顧自己人生的最佳時刻。我們或許可以在每天的日常生活中，發現一些不再需要、早該放手的事物，其中有些事其實能放心託付給孩子們。只要放下一些責任，或許就能順利走往人生最後的階段。

對周遭環境以及大自然感受力增強後，可以清楚知道，庭院就是每個人心中庭院的反射。若能排除人生中的枯木，新的機會於焉誕生，可望帶來正向的成長，但並非每一次都會是愉快的經驗。

我的人生經常發生令人意想不到的事，或許大多數的人也是如此。大約每隔七年，就突然會有像大浪襲來的事件發生。這種時候總是會使我心跳加速、全身發抖，身心陷入支離破碎的狀態。有時是突發的事故或失去心愛的人，遭遇背叛或工作失敗，因而陷入低潮。這種時候，只能祈求支撐所有生命的上蒼，能夠給予引導。有時痛苦的狀態只消幾天就能解除，但也可能持續好幾年，我們能做的只有靜心等待。我會失去專注力，變得無法好好讀書、吃飯，甚至冥想。在這種時刻，單純的事物最好。做庭院工作或打掃家裡，出門散步、爬爬附近的山，都有助於療癒心靈的傷痛。

當身心陷入危急狀態，就像被捲入劇烈的風暴中一樣。脫離風暴後，我們都會重生、蛻變成不一樣的人。危機使人的內心發生變化，能夠把人生的方向看得更清晰。風暴經過時間沉澱、平息後，心情也能隨之平靜下來。每次當我度過風暴，總是會重新體悟到寬恕的重要性，並感受到他人對我的寬容，也再次深刻體會所謂無條件的愛。人生並非只能耐心等待風暴遠離，在風雨中也能活躍飛舞，才是真正的人生。

*1 編註：中世紀德國神學家、作曲家及作家。
*2 編註：日本現存最早的正史，於八世紀初編撰完成。

10 月

{ 庭院中的木炭 }

今天早上將衣服洗好後，我走到戶外呼吸新鮮空氣。

天空灰濛濛的、幾乎看不見太陽，
微風搖晃楓樹沙沙作響。我還想在戶外多待一會兒，
因此收集了一些枯葉，放入田裡的堆肥箱。

走著走著突然有一隻鳶飛下來，降落在身旁的田地。
我停下腳步，深呼吸一口氣。
鳶發出一聲高亢的鳴叫，便振翅往秋天荒涼陰沉的天空飛去。

我回到庭院裡，將敲碎的木炭撒在原生於地中海的香草周圍。
木炭可以吸收濕氣，使土壤保持乾燥，
而這些香草喜歡乾燥的土壤。

Joe Pye Weed
紫澤蘭

{ 狗尾草與楓葉 }

我們能夠在這美麗綠色世界裡度過的時間僅有須臾，
因為人生無法永恆持續。

為了好好觀察周遭每一件有生命的事物逐漸成長，
我盡可能每一天都放慢腳步生活。

楓樹守護庭院不受大原鄉村吹來的強風侵襲，
它纖細柔軟的枝條提醒我要更加優雅、樸實。

沿著大原田間小徑及圍籬生長的一年生狗尾草，
那容易讓人忽略，又長又茂密的樣貌，教人感悟要時常心懷謙卑。

沉靜之心能夠看見所有事物隱含的美好。

Sumi in the Garden

After finishing the laundry this morning, I went outside for a breath of fresh air.

It was a cloudy grey day with little sun in the sky. A light breeze rustled the branches of the maple trees. Not wanting to go back inside, I raked up the fallen withered leaves and took them down to the field below my house to enrich my compost.

As I walked a hawk swooped past me and alighted in a field close by. I stopped and breathed slowly. The hawk began to flap its wings and with a piercing shriek rose and disappeared into the lonely grey autumn sky.

I returned to my garden and began to put fresh slivers of broken charcoal around the Mediterranean herbs. One of the many things that charcoal can do is to absorb water and keep the earth dry. Herbs are happy in dry soil.

Chrysanthemum
菊花

Mizuhiki so
金線草

Bristle Grass and Maple Leaves

In this beautiful green world, we are only here for a short while. We are not going to be here forever!

One day at a time, I try to slow down my life enough so that I can really see all things that are growing and living around me.

A family of maple trees protect my garden from the strong winds that blow through the valley. Their slender and yielding branches remind me to be more graceful and compliant.

The modest bristle grass grows in all seasons, along the country lanes and hedgerows in Ohara. Its long furry tail, which can be easily missed, reminds me to be humble.

The heart at rest sees beauty in everything.

讓秋天庭院色彩繽紛的秋牡丹，可用分株的方式增生。

撒下去年收穫的芫荽種子，
在簡易溫室中培育。即使天
氣寒冷，幼苗在溫室中也能
茁壯成長。

檸檬香茅 ★有退燒功效的香草

Lemon Grass

秋天的空氣中飄蕩著寂靜的氣息。我在庭院的鞦韆上喝著熱檸檬香茅茶，想要冷靜一下剛剛在太陽下沒戴帽子、被晒得熱烘烘的頭。在森林花園的入口，熱帶的檸檬香茅葉長得又細又高。這是一種在東南亞咖哩、湯品、麵類湯料理中經常使用的香草。

它在微風中搖曳的莖及葉，都散發清爽的檸檬香氣，有防蟲、除臭以及驅趕貓的功效。如果有持續一週溫暖乾燥的天氣，就是採收檸檬香茅進行乾燥保存的大好時機。乾燥檸檬香茅可以用來泡香草茶，或加入香辣的泰式咖哩中增添風味。這種香草可以促進發汗讓身體冷卻，具有退燒功效。也可以強健體魄、幫助消化。 我個人對於檸檬香茅茶能緩和感冒發燒，有深刻的體驗。「感冒時要多吃一點食物，發燒時則要少吃」。

用檸檬香茅精油製作的古龍水也很棒，和香茅醛、薰衣草的精油混合然後加幾滴酒精，就是味道宜人的古龍水，還有除蟲的功效。

● 栽種訣竅

不耐寒的多年生香草，必須種在氣溫 7 度以上的環境，喜歡全日照太陽直射。若在涼爽的地方，建議種植於大盆栽缽中，春天分株。

種植的土壤可以混合 2/3 具保濕性的肥沃土壤、1/3 椰子渣。每個月施灑一次有機液肥。使離地面 15 公分以內的葉片皆富含水氣會更美味。冬天可以修剪一些葉子，用稻稈覆蓋，並將盆栽移到屋簷下或室內。

檸檬香草茶
Lemon Herbs Tea

充滿清爽檸檬香氣的香草茶。檸檬香茅可以消除疲勞；檸檬馬鞭草能放鬆心情。檸檬香蜂草可以緩和不安情緒，讓心情沉靜；檸檬薄荷可幫助消化。

材料
乾燥檸檬香茅……2 杯
乾燥檸檬馬鞭草……2 杯
乾燥檸檬香蜂草……2 杯
乾燥檸檬薄荷……2 杯

作法
1 將所有葉片切碎，均勻混合。
2 放入密封容器可以保存約 1 年。
3 泡茶時一杯熱水，約需放入尖起的 2 小匙香草。

Hyssop

海索草＆百里香
去痰止咳糖漿

Hyssop and Thyme Cough Syrup

我小時候在英國喝過的止咳糖漿非常難喝。這是我特別設計，讓小孩也容易入口的止咳糖漿。海索草有止咳功效，百里香可以緩和喉嚨痛，薑則可以去痰。

材料
海索草枝葉（新鮮或乾燥）……1 杯
百里香枝葉（新鮮或乾燥）……1 杯
薑（切碎）……100g
紅糖……600g
水……800ml

作法
1 鍋子加熱海索草、百里香、薑、水，煮沸轉小火煮約 30 分鐘後過濾。
2 將作法 1 倒回鍋中，加入紅糖用小火煮約 10 分鐘。
3 放涼後倒入瓶中，冷藏保存。

海索草／藥用神香草
★ 淨化的香草

女兒茉莉非常喜歡跟我一起去散步。她罹患的思覺失調症，隨著年歲增長會慢慢失去腦中的詞彙與知識，據說散步有助於刺激記憶。夏天傍晚散步回來，看到薰衣草開始開花，群青色的海索草花朵在微風中搖曳。

海索草跟檸檬香蜂草、歐夏至草、百里香、迷迭香、薰衣草等蜜蜂喜歡的植物種在一起，可以生長得很好。

海索草也是古龍水以及蕁麻酒等利口酒的原料。用來泡茶可以改善支氣管炎、感冒頭痛、胸痛等。我每年都會用大鐵鍋製作香草止咳糖漿，除了薑、歐夏至草、百里香，還會加入大量的蜂蜜跟海索草。

黑暗逐漸吞噬大原鄉村，茉莉正在準備用海索草泡茶時，我將窗簾闔上。

● 栽種訣竅
類似矮木、耐寒的多年生草本植物。喜歡全日照環境，以及排水良好的土壤。為了避免莖枝擴散太廣，春天要大幅修剪。舊枝幹會不斷冒出新枝，因此不用擔心。秋天快結束時，可以用有機資材加以覆蓋。經常摘心能使葉片保持鮮嫩柔軟。海索草花蜜非常美味，可以種在蜜蜂巢穴附近。我退休之後也想養蜂，自己採收蜂蜜。
★蜜蜂非常喜歡海索草。

番紅花 ★ 細微卻珍貴的香草

小時候住在西班牙，每天從幼稚園回家後我都會午睡。一個令人昏昏欲睡的炎熱夏季午後，我在燒松果和樹枝的味道中醒來。心想是不是我最喜歡的西班牙海鮮燉飯，走到房外發現果然是繼父塔德利在下廚，番紅花飯在淺淺的大鍋中咕嚕咕嚕煮著。從住在西班牙的那一年起，我就非常喜歡番紅花的味道。

原產於伊朗波斯的番紅花，十世紀時北印度到西歐一帶的人都經常使用。番紅花的名字源自阿拉伯文「Zafaran」黃色的意思，黃色在波斯、印度及希臘，是皇家專屬的顏色，代表身分尊貴、地位高的人。番紅花從以前就是非常貴重的香草，甚至有人因為偷取番紅花，而被判刑送上斷頭台。

現在番紅花的主要產地在西班牙及克什米爾一帶。以中東料理為首，米飯、雞肉、海鮮料理以及蛋糕都會添加。

番紅花泡的香草茶，可以溫暖身體、緩和失眠、氣喘、憂鬱、風濕症狀等。也有改善月經不順，提高生殖機能的功效。但孕婦服用可能會導致流產，請避免攝取。

像細絲一樣長長的番紅花雌蕊，是非常昂貴且難以取得的香料原料。對於「細微但珍貴重要」的事物，要好好留心注意。

● 栽種訣竅

可耐寒的多年生球根植物。喜歡稍有遮蔭的環境，以及排水良好，肥沃度適中的土壤。種植時將球莖的根朝下，埋進距離地表 8〜10 公分深的地方。每 3〜4 年在葉子枯萎的初夏，將球根挖出分割，就能再次種植。秋天開花之後，用鑷子拔下 3 根雌蕊，夾在色紙裡，放在通風良好的地方乾燥，乾燥完成保存在涼爽處即可。

Saffron crocus

西班牙海鮮燉飯

Paella

小時候全家人曾搬到巴塞隆納去住了一陣子。我們會在很晚的午餐時間吃西班牙海鮮燉飯，我至今仍無法忘懷記憶中的美味。

材料（6 人份）
蝦子……12 尾
淡菜……12 個
雞肉（雞翅根部）……12 隻
番茄（切丁）……2 顆
紅椒（切薄片）……1 個
米……225g
水……600ml
橄欖油……適量
鹽、胡椒……適量
乾燥月桂葉……2 片
番紅花……1 小匙
青豆……1/2 杯
蒜頭（切碎）……4 瓣

作法
1 準備兩鍋 300ml 的水，分別放入蝦子、淡菜加熱，煮滾約 5 分鐘後，將湯汁過濾備用。
2 分別取出蝦子及淡菜。
3 平底鍋加熱橄欖油，放入番茄及紅椒稍微拌炒一下。
4 另取一個大平底鍋加熱橄欖油，放入蒜頭與雞肉，拌炒至金黃色，再加入米拌炒一下。
5 米飯變透明後，加入作法 1 的湯汁，一邊拌炒注意不要讓米粒炒焦。
6 加入月桂葉及番紅花，再用鹽、胡椒調味。
7 開大火煮約 5 分鐘，中間不時拌炒，視情況可加水調節。
8 將作法 7 放入燉飯專用的盤子或大型器皿，把蝦子及淡菜裝飾在周圍，正中央擺上作法 3 的番茄和紅椒。
9 蓋上鋁箔紙，放進 180 度的烤箱烘烤約 20 分鐘。取出後加入青豆，再次蓋上鋁箔紙，放進烤箱烘烤數分鐘，注意米飯不要煮太軟比較好吃。
10 從烤箱中取出後就可以直接上桌。

無花果前菜
Fig Hors d'Oeuvre

我跟正結婚的時候，英語學校的學生送給我一株無花果當賀禮。這棵樹現在已經長得非常高大，每年九～十月之間，每天都可以採收成熟的無花果。無花果的果實容易受損，最好在冰箱冷藏 2 天內就要吃完。

★突然有訪客的時候，我會在無花果外面捲上帕爾瑪火腿，搭配冰涼的白酒招待客人。

★如果有剛烤好的麵包，放上無花果薄片，再疊上古岡左拉起司薄片、滴上幾滴蜂蜜，然後放進烤箱烘烤幾分鐘，就是一道非常美味的法式開胃小點。

The Fig Tree

無花果 ★豐饒的象徵

突然吹起一陣風，接著碩大的雨點就從無花果枝葉間落下。我抱緊裝滿成熟無花果的籃子，趕緊爬下梯子。

據說無花果是人類最早栽種的植物之一。在佛教、基督教、伊斯蘭教三大宗教當中，無花果都是神聖的象徵。佛陀是在無花果屬的印度菩提古木下冥想而開悟。亞當和夏娃在伊甸園中也是用無花果的葉子來遮蔽身體。

原產於中東的無花果，在晴朗乾燥的地區可以自己生長，經過一百年都不會枯萎。無花果乾的甜味可以代替砂糖，在傳統醫學中被當作瀉藥使用。無花果裡的鉀、鈣、鐵質、維生素 C 含量都很豐富。

我會將無花果切成薄片，搭配葡萄及卡門貝爾起司，作為氣泡白酒的下酒菜一起吃。

● 栽種訣竅
無花果樹喜歡中性砂質的乾燥土壤，種植時可以添加有機成分，挖一個 60 公分深的洞，放入混合砂石的土壤以及骨粉。4 月是修枝的最佳時間，每年春天建議在根部用雞糞或海藻精華覆蓋施肥。

薑 ★可以溫暖身體的香草

　　風從山上吹下來，樹木及草葉又開始沙沙顫動。我泡了一杯暖暖的薑茶，薑可以溫熱身體，是能使身體強健的香草。

　　我第一次接觸生薑，是在印度的旅程當中。當時十九歲的我，對於倫敦的生活感到幻滅，正在尋找能真正得到幸福的方法。那時候有人邀請我們一行人和印度的年輕賢者普仁羅華一起學習。我在那裡學到許多重要的人生道理，之後我來到了日本。

　　我在印度吃的各式料理，幾乎都有加薑。而我自己特製的感冒糖漿主材料也是使用薑。

　　後來我從丈夫那裡學到薑可以緩和頭暈、想吐、腹瀉，並且促進血液循環。他還笑著跟我說：「薑可以讓記憶力變好。」

　　做餅乾跟蛋糕加入老薑也會變得更好吃。使用薑的精油按摩，能緩和頭痛、肌肉痠痛、風濕以及疲勞。薑可以緩解腸胃不適，用來抑制懷孕的害喜症狀也很安全。

　　種植薑的方法非常簡單。我一邊喝薑茶，一邊走到田裡去看薑的生長狀況。

● 栽種訣竅

不耐寒的球根植物。喜歡能遮蔽風雨的環境、溫暖的氣候、肥沃且具保濕性的土壤。相反的，薑不耐寒霜及直射陽光，也不喜歡強風和過多的水分。在晚冬或早春種植薑的塊莖最好，建議選擇新鮮、形狀渾圓，芽比較強壯的塊莖。種植的時候芽朝上，埋入土裡 5～10 公分深。

Ginger

防暈車生薑糖漿
Ginger Syrup for Travel Sickness

這是在印度時，一位朋友教我的配方。

材料
薑……1 大塊
蜂蜜……1 杯
水……1/2 杯

作法
1 把薑洗淨、切成薄片。
2 水煮滾後放入作法 1 薑片，慢慢煮到薑變軟。
3 作法 2 熄火，加入蜂蜜至完全融化。
4 靜置一晚，裝入殺菌過的容器保存。

冰薄荷薑茶
Ginger Mint Iced Tea

突然有客人來訪可以用清爽的薑茶招待。

材料
祁門紅茶……2 小匙
熱水……適量
薑（切碎）……2.5cm
薑味薄荷或黑種薄荷…約 10 片
冰塊……依喜好
砂糖或蜂蜜……依喜好添加
草莓（切片）……依喜好添加

作法
1 在熱水瓶中放入祁門紅茶、薑、薄荷，倒進熱水。
2 依個人喜好添加砂糖或蜂蜜。
3 過濾後倒進玻璃冰水壺、加入冰塊，依個人喜好加入草莓切片。

無糖甜菊莓果醬

Stevia Berry Jam

我喝茶需要加糖的時候，會加入乾燥的甜菊或蜂蜜代替。甜菊也可以用來製作果醬，當作甜味劑使用。

材料

玫瑰果茶……150ml
甜菊……12 根
果膠粉……2 小匙
莓果（種類依喜好）……500g
蜂蜜……少許

作法

1 莓果洗淨去蒂，放入鍋中稍微壓碎。
2 加熱玫瑰果茶，沸騰後加入甜菊，稍微煮一下熄火，浸泡約 20 分鐘。
3 將作法 1 放在爐子上，慢慢倒入作法 2 仔細攪拌，用小火加熱至 104 度（為了煮出有透明感的果醬）。
4 取出少量作法 3 到另一容器，少量多次加入果膠粉拌勻使其溶解。
5 將作法 4 中慢慢倒回作法 3，直到果醬呈現適當濃稠度。
6 試吃甜度，不夠甜可以加一些蜂蜜。放涼後移到殺菌過的容器中保存。

甜菊 ★ 甘甜的香草

早晨太陽剛露出臉，陽光溫柔降臨在庭院中。金黃色陽光將秋天的楓葉映照得非常美麗，我走到戶外呼吸新鮮空氣，搶在今年降霜之前，最後一次採收甜菊的枝葉，它是非常不耐寒霜的植物。

我從小就嗜吃甜食，甜菊可以不使用砂糖就滿足我對甜品的需求，對我來說是很棒的香草。它是低卡路里的天然甜味劑，也不會影響血糖值。

在甜菊的原產地巴拉圭北部高原，以及巴西南部的原住民，會將它加在藥草中當作甜味劑使用。日本則在一九七〇年初期自北海道開始栽種，現在已經廣泛使用。

我在庭院裡坐下，享受寂靜無聲的氣氛。秋天的氣溫下降，可以讓甜菊的甜度增加，令人感覺非常不可思議。我最喜歡在降霜之前的這段時間，喝下午茶時加入甜菊，將其加入新鮮薄荷茶或可可當中也很好喝。我在製作莓果類果醬或是薄荷糖漿的時候，也會使用甜菊。

我回到家中，將採集的甜菊枝葉吊掛在天花板上使其乾燥。

● 栽種訣竅

半耐寒的多年生草本植物。必須種植在全日照環境，喜歡排水良好的輕質土壤。要頻繁澆水避免根部乾燥，可在根部周圍施灑有機肥覆蓋。每 3 個禮拜摘一次心，可讓側芽增加，使葉片茂密，大約每 3 年需換植一次。建議在氣溫下降的晚秋採收。

歐夏至草／苦薄荷

★ 對肺部有益的香草

今天到處吹著溫柔的涼風，花朵像在跳舞般顫動。我看了一下庭院裡的香草，長大的歐夏至草也差不多該修剪了。孫子喬感冒了，我想用它做一些止咳糖漿。

歐夏至草可以去除支氣管裡的痰及黏液，罹患支氣管炎或感冒時非常有用，英文名稱來自埃及神話中掌管天空的太陽神「荷魯斯（Horus）」。歐夏至草富含各種維生素，可以強化人體免疫系統。

這種香草原產於地中海沿岸，過去希伯來人和埃及神職人員也會使用，因此在《舊約聖經》上已有記載。古代人相信歐夏至草有不可思議的力量，可以驅逐惡靈並守護魔術師，所以他們會將其放在香包中隨身攜帶。

我讓喬穿上厚鋪棉短掛，對他說：「喝一大匙止咳糖漿，然後到燒柴暖爐旁讓身體保持溫暖吧。」

● **栽種訣竅**

耐寒的多年生草本植物。喜歡無風、全日照的環境，以及排水良好的天然鹼性土壤。春天開花之後可以採收，如果經常採收能讓側芽長得更多、更茂密。

苦薄荷止咳糖漿

Horehound Cough Syrup

這種有苦味的香草，可以讓喉嚨清爽，緩和咳嗽症狀。出現感冒咳嗽或支氣管氣喘時，可以喝一小匙止咳糖漿，或泡一杯歐夏至草的香草茶就能有效改善。

材料

歐夏至草葉（新鮮或乾燥）…1/2 杯
水……2 杯
蜂蜜……3 杯
老薑（磨碎）……2 大匙

作法

1 在鍋子裡放入歐夏至草的葉子及水，煮滾後加蓋繼續煮約 20 分鐘。
2 將作法 1 過濾後，加入蜂蜜、老薑。

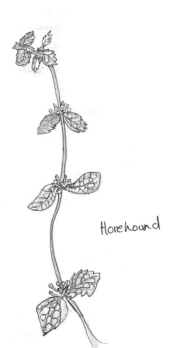

Horehound

豆腐菠菜咖哩

Spinach Curry with Tofu

正年輕的時候去過印度和尼泊爾學習料理，這是他教我做的食譜。此料理本來會用一種叫做 Paneer 的印度起司，在此以豆腐代替。

材料（5 人份）
菠菜……800g
番茄（滾刀切大塊）……200g
木棉豆腐（切 2cm 塊狀）……1 塊
蒜頭（切碎）……30g
薑（切碎）……30g
沙拉油……適量
奶油……50g
鹽……1/3 小匙
椰奶……200ml
水……適量

辛香料
| 肉桂……1 片（1 x 10cm）
| 白荳蔻……4 粒
| 丁香……6 粒
| 芥末籽……1 又 1/2 大匙
| 孜然……1 又 1/2 大匙

粉狀辛香料
| 薑黃粉……1 大匙
| 辣椒粉……2/3 小匙
| 黑胡椒……2/3 小匙

作法
1 菠菜用熱水汆燙，稍微擰乾水分後用調理機打成泥狀。
2 醬料鍋加熱 100ml 沙拉油，體積由大到小依序放入辛香料，加熱至發出噗滋聲釋出香味，注意不要燒焦。
3 在作法 2 加入奶油、蒜頭、薑，稍微拌炒至變色後，加入粉狀辛香料，繼續拌炒約 1 分鐘。
4 在作法 3 加入番茄拌炒至軟爛，再加入作法 1 的菠菜煮沸，充分攪拌不要炒焦。材料過乾可以適度加水。
5 木棉豆腐稍微用油炸一下。
6 作法 4 用鹽調味，最後加入椰奶。注意不要煮太久失去菠菜的味道。
7 將咖哩裝盤，擺上作法 5 的豆腐，每個盤子約放 6 塊。

Turmeric root

薑黃 ★ 淨化的香草

今天艷陽高照，太陽強力發威，像是要把大地上所有植物都喚醒。秋天的薑黃開出美麗的花朵，讓我想起沖繩的回憶。

多年前我曾經到沖繩一個村莊，拜訪當地居民，那裡有許多超過百歲，但仍然健康的長者。我向他們請教長壽的祕訣，發現原來在沖繩會喝一種加了薑黃粉的綠茶。薑黃一般認為有淨化血液和淨化全身組織的功效。

這類植物原產於印度，現在全世界的熱帶地區都有栽種。薑黃可以守護肝臟，調整消化器官，並強健骨骼。薑黃素有抗氧化作用，可以改善胃潰瘍、消化不良、糖尿病，以及細菌引起的感染症狀。

將乾燥的薑黃塊根磨成粉狀，煮咖哩或米飯料理時加入 1～2 匙，會有溫醇的風味。把薑黃粉加幾滴水調成糊狀，也能治療輕微外傷，把薑黃糊直接敷在出膿的傷口或割傷部位即可。薑黃明亮的黃色，還能用來當食物或編織物的染色劑。

我用薑黃做了一些在印度每天都會吃的扁豆湯。坐在庭院裡一邊喝湯，一邊靜靜聽著蜻蜓的拍翅聲。

● 栽種訣竅
氣候溫暖乾燥可以長得很茂密，適合種在稍有遮蔭、溫暖潮濕的地方。成長期間建議施灑液態肥，乾季時可以給植株噴一些水霧，秋天即使很乾燥也沒關係。植株可成長至 1.5～1.8 公尺。葉子枯萎後，在降霜之前採收。用小型耙子小心挖出塊根，把泥土沖乾淨後放在陽光下晒乾。

共榮植物

我們一生當中會遇到許多人,其中有些人會成為好朋友,有一些則不會。與個性相合的人會產生友情,有助於彼此成長。但跟個性不合的人在一起,則會阻礙彼此成長,最後甚至不再往來。

香草、蔬菜等植物也和人一樣,有些組合搭配得很好,有助於彼此生長。相反的,有些組合則不會有這樣的加乘效果。各種植物應該種在庭院的哪個地方,可以參考下面的列表,若能注意這一點,對培育蔬菜園特別有用。

Beans dislike Onions and Chives
豆類不喜歡洋蔥和蝦夷蔥

Cauliflower Dislikes Tomato
白花椰菜不喜歡番茄

共榮組合 --------------
(有助於彼此生長,還能增強香味)

小黃瓜 ＋ 蒔蘿
草莓 ＋ 琉璃苣、菠菜
蘆筍 ＋ 巴西利、番茄
紅蘿蔔 ＋ 豆類、洋蔥、青蔥
豆類 ＋ 白花椰菜、夏季香薄荷、法國萬壽菊
綠花椰菜 ＋ 洋蔥、馬鈴薯、芹菜
番茄 ＋ 羅勒、蝦夷蔥、洋蔥、巴西利、蘆筍、蒜頭、紫蘇
金蓮花 ＋ 檸檬香蜂草
萵苣 ＋ 青蔥
高麗菜 ＋ 百里香、鼠尾草、洋甘菊、蒔蘿
茄子 ＋ 管蜂香草、四季豆、秋葵、羅勒、芫荽
青椒 ＋ 秋葵、羅勒、管蜂香草
玉米 ＋ 馬鈴薯、豆類、小黃瓜、南瓜、管蜂香草、四季豆
南瓜 ＋ 玉米、管蜂香草
洋蔥 ＋ 洋甘菊
白花椰菜 ＋ 豆類
玫瑰 ＋ 巴西利

互斥組合 --------------
(會阻礙彼此生長)

豆類 ＋ 洋蔥、蒜頭、蝦夷蔥、劍蘭、茴香
綠花椰菜 ＋ 番茄、豆類、草莓
白花椰菜 ＋ 番茄、草莓
小黃瓜 ＋ 馬鈴薯、有香氣的香草
豌豆 ＋ 洋蔥、蒜頭、劍蘭
南瓜和樹莓 ＋ 馬鈴薯
番茄 ＋ 茴香、高麗菜、馬鈴薯、蒔蘿、玉米
樹莓 ＋ 黑莓
艾草 ＋ 葛縷子、茴香、鼠尾草
茴香 ＋ 芫荽、蒔蘿
紅蘿蔔 ＋ 蒔蘿、茄子
羅勒 ＋ 芸香
芸香 ＋ 鼠尾草、羅勒、高麗菜
小白菊 ＋ 樹莓

Lettuce Likes Leeks.
萵苣喜歡青蔥

共榮植物
Companion Planting

能驅蟲的忌避植物

　　我的庭院裡種植許多香草，因此幾乎沒有蟲害的問題。將特定蔬菜和香草種在一起，可以為彼此驅逐害蟲：

● 番茄和羅勒、琉璃苣、紫蘇一起種植，能驅離危害番茄的斜紋夜盜蟲和煙青蟲幼蟲。
● 將紅蘿蔔和洋蔥一起種植，可驅離危害紅蘿蔔的折翅蠅幼蟲。
● 十字花科蔬菜，如高麗菜、綠花椰菜等與豆類一起種植，可驅離危害十字花科蔬菜的蚜蟲及蒼蠅。
● 洋甘菊和西洋蓍草一起種植能驅離蛞蝓。

　　其他還有很多香草，種植在蔬菜周邊可以幫忙驅逐害蟲。

★庭院或田裡

下列香草可以驅逐昆蟲：

毛毛蟲▶芸香、綿杉菊、義大利蠟菊、法國萬壽菊

蚜蟲▶法國萬壽菊、金蓮花、罌粟花、薄荷、綠薄荷、蝦夷蔥、蒜頭、巴西利、羅勒、筑摩薄荷、貓薄荷、辣根、芫荽、薰衣草

黑蠅▶羅勒

果蠅▶羅勒、艾菊

蛞蝓▶蒜頭、蝦夷蔥、艾草、芸香、茴香

折翅蠅▶艾草、芫荽

米蟲▶蒜頭

小菜蛾、青蟲▶金蓮花、蔥、普列薄荷、艾草、法國萬壽菊、海索草、琉璃苣

叩頭蟲▶琉璃苣、羅勒、紫蘇

玫瑰上的蚜蟲▶薄荷、蝦夷蔥

★住家周遭

將下列香草種在盆栽中，放在窗邊或狗屋旁可以驅蟲：

螞蟻▶艾菊、薄荷、普列薄荷

跳蚤▶薰衣草、薄荷、茴香、艾菊、普列薄荷

搖蚊▶普列薄荷

蚊子▶洋甘菊、芳香天竺葵、普列薄荷、迷迭香、鼠尾草、薰衣草棉、薰衣草、薄荷、百里香

　　在庭院中種植下列的香草可以吸引益蟲，益蟲能吃掉害蟲。因為想要用天然的方法照顧庭園，所以我完全不使用殺蟲劑，而是利用這種大自然的循環。

草蛉▶西洋蓍草、洋甘菊
瓢蟲▶金盞花、西洋蓍草、蒲公英
食蚜蠅▶西洋蓍草、蒔蘿、茴香、金蓮花

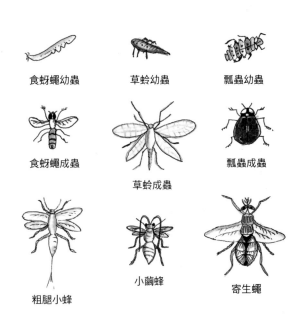

食蚜蠅幼蟲　　　草蛉幼蟲　　　瓢蟲幼蟲

食蚜蠅成蟲　　　　　　　　　瓢蟲成蟲

　　　　　草蛉成蟲

粗腿小蜂　　　小繭蜂　　　寄生蠅

▌去除難纏害蟲的方法

蛞蝓

1 在蛞蝓喜歡的植物周邊，撒一些沙子或捏碎的蛋殼，這樣蛞蝓就很難爬上來攀附。
2 將裝有啤酒的杯子埋在植物周圍的土裡，蛞蝓爬過來就會先掉進杯子裡溺死（僅限不擅游泳的品種）。

蛞蝓
Slugs

November
11月

秋天午後，在森林花園的鞦韆上看書。

11 月

給秋天的歌

茶梅（山茶屬）

Camellia sasanqua

多霧和瓜果甘美的季節
和交情深厚的成熟太陽
共謀該如何把豐盛的果實
賜給攀爬環繞屋簷的葡萄藤
如何用蘋果把屋邊的果樹壓彎
讓所有果子熟成通透果心……

——濟慈〈秋頌〉1819 年

Season of mists and mellow fruitfulness,
Close bosom-friend of the maturing sun;
Conspiring with him how to load and bless
With fruit the vines that round the thatch-eaves run;
To bend with apples the mossed cottage-trees,
And fill all fruit with ripeness to the core…

——John Keats, "Ode to Autumn"(1819)

十一月會開始降霜，因此在日本和曆中被稱為「霜月」。

今天早上比平常晚起，打開窗戶遠眺大原北側的比良山，屋頂上兩隻鳶彼此追逐往蔚藍的寒空飛去。

我趕忙到廚房泡了熱奶茶加薑，裝進保溫瓶裡。打開玄關沉重的木頭拉門，室外像結凍般的寒氣迎面而來。溫度計上顯示四度，寒霜像是要把整個世界冰封，這是一個寒冷的早晨。陣陣寒意讓我忍不住全身顫抖，對著雙手呼一口熱氣，白色霧氣很快就消散在空氣中。我打算把一些盆栽搬到屋內，今天將是非常適合從事園藝工作的天氣。

楓葉轉變成美麗的紅色。深紅色、金黃色、黃褐色的落葉像地毯一般，密實地覆蓋花壇，歐洲冬青和南天的果實也染上些微的紅色。為了讓植物能在溫暖的狀態下冬眠，我計畫要開始進行覆蓋作業。心想植物也像人一樣，想要舒適地過冬吧。

我想起家中還有許多事沒有做完，回到屋裡去洗衣服，將洗好的衣服晒在二樓東邊的竹竿上。太陽再度從山邊探出頭來，微風搖晃楓樹的枝幹沙沙作響。我再次來到戶外，將香葉天竺葵與檸檬馬鞭草的小盆栽搬進屋子，然後將其他盆栽移到屋簷下。在涼爽的空氣中清掃落葉，也是一種不錯的運動。掃完落葉又拔拔草，為植物做覆蓋作業。

開始做庭院裡的工作後，總是會有不可思議的連鎖反應。常常做完一件事，馬上又會有其他的工作產生。或是停下手邊正在做的事，

先將新的工作完成再回來處理原本的工作；庭院裡的園藝作業就這樣不斷循環、永遠沒有盡頭。我到庭院散步時，總會聽到各種植物呼喚我照顧它們的聲音。如此與植物們深刻交流時，我總感覺時間彷彿停止了，所有的煩惱也被拋到九霄雲外。手推車裝滿雜草與落葉，於是我將裝有廚房廚餘的水桶，也搬運到前方的田地，把它們一起丟進堆肥箱。先將手推車傾斜，再用雜草及落葉覆蓋廚餘。

沒有任何前兆，空氣突然變冷。夕陽的影子變長，日照變短了，一年又來到了盡頭。我將落葉以及地上的果實，統統丟進堆肥箱中。

在庭院裡，每天都可以真真切切地感受到生命輪迴，萬物腐壞分解之後會再度新生。透過培養更富饒的土壤，我們也能對大自然的循環有所幫助。人類社會是以植物界幾百倍的速度在運作，而我們自身也能透過這種自然的循環，學習平常忽略的事物。例如我們很少有機會能放慢速度，仔細傾聽植物的聲音。大部分在都市高樓間生活的人，都會覺得自己與大自然隔離，有一股莫名的疏離感，身心因而感到疲憊，失去生命的喜悅。

每個人剛出生、還是嬰兒的時候，一定都能感受到與地球及大自然深刻的連結。仰望藍天，看到漂浮在空中的白雲而感到驚奇。學會爬行以後，開始發現周遭的小生物，看見庭院裡跳來跳去的小鳥會感到很開心。側耳傾聽地球上各種聲音，能夠將各種東西放進口中後，不管是石頭還是棒子，所有東西都想品嘗看看。嗅聞各種味道，一點一滴感受地球上各種生命的存在。我們小時候，都過著貼近大自然的生活。現在何不試著再次以童心生活，然後重新體會——在這個美麗地球上生活的每一天，都是一個奇蹟。

來到大原這個家之前，我非常想念英國的四季。我一半以上的家人都住在愛爾蘭，為了能每年帶孩子們回去探親，我拼命工作。

回到英國時，也會去拜訪住在牛津與施洛普的兩個妹妹。若是暑假期間回去，太陽到晚上十點才會下山，白天也很涼爽，廣闊的大片草原非常美麗。蝴蝶在繽紛綻放的花朵間飛舞，蜜蜂在芬芳的夏季花朵中忙碌拍翅。

孩子轉學至國際學校後，可以在英國停留比較長的時間，體驗到比日本更早到訪的秋天，八月底就能看到美麗的秋天景致。陽光變柔和了，夜晚的空氣也變得濕潤；日照變短，野山楂樹被染成紅色與金黃色；西北風帶來積雨雲，樹木葉子開始慢慢掉落。

我已經好幾年沒有回英國了。母親過世之後，大原庭院是我生活的重心。現在我非常享受大原的秋天。這裡的秋日之美，閃耀著溫柔的光輝。

{ 寒冷的早晨 }

今天比平常晚起，
我趕忙到廚房去，泡一些加了薑的熱奶茶。

打開玄關，溫度計上顯示氣溫只有四度。
這是一個會讓人全身緊繃、凍僵的寒冷早晨。
我全身顫抖，對著雙手呼出一口氣，
白色霧氣很快就消散在空氣中。

樹木在晨曦中被映照得無比美麗，
深紅色、金黃色和橘色的楓葉鋪滿庭院的花壇。

又到了給植物覆蓋保暖，讓它們好好冬眠度過寒冬的時節。
我想植物也像人一樣，想要舒適地過冬。

地榆
Ware Moko

Tsuwabuki
大吳風草

{ 簷廊庭院 }

今天早晨打開窗戶，大原被染紅的群山映入眼簾，
好像一幅中世紀的壁毯。

昨天夜裡氣溫驟降，
紅色、黃色的楓葉顏色也變得更加鮮明了。

晴朗冰涼的早晨，我將圍繞屋子的簷廊打掃乾淨，想為不耐寒的植物準備避難所。我
將不耐寒的香草盆栽，搬到這裡讓它們也能感受到燒柴暖爐的溫度。
檸檬馬鞭草以及蘋果天竺葵幽微的香氣瀰漫屋內，變成很棒的天然香氛。
到了冬天，簷廊也變成了庭院。

A Frosty Morning

This morning I woke up late. I hurried downstairs to make a flask of hot ginger milk tea.

I opened the front door and checked the temperature gauge. It was only four degrees, a cold crisp frosty morning. I shivered and blew hot air on my hands, and my breath turned into a light mist, which floated into the sky.

The trees were beginning to look beautiful in the bright rays of the early morning sun. Crimson, gold and orange maple leaves carpeted my flowerbeds in the garden.

"It's time to start putting the plants to sleep with a warm winter mulch," I thought. Plants, like us, want to be cozy in the winter.

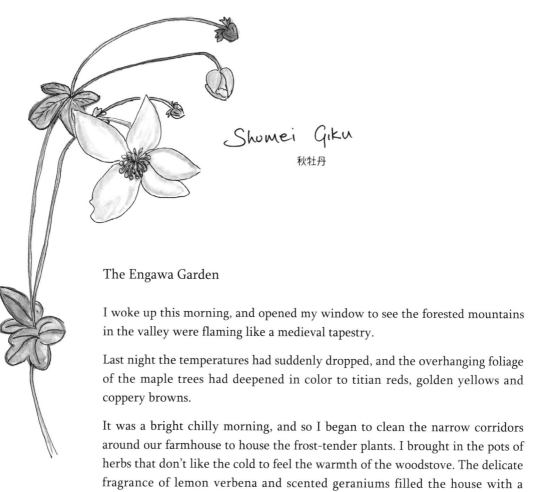

Shumei Giku

秋牡丹

The Engawa Garden

I woke up this morning, and opened my window to see the forested mountains in the valley were flaming like a medieval tapestry.

Last night the temperatures had suddenly dropped, and the overhanging foliage of the maple trees had deepened in color to titian reds, golden yellows and coppery browns.

It was a bright chilly morning, and so I began to clean the narrow corridors around our farmhouse to house the frost-tender plants. I brought in the pots of herbs that don't like the cold to feel the warmth of the woodstove. The delicate fragrance of lemon verbena and scented geraniums filled the house with a wonderful aroma. During the cold months we can enjoy the engawa garden.

左）每天早上我都會第一個起
床，去拿暖爐要燒的柴火。
右）在家中古老的柱子掛上聖
誕節裝飾，這是歐洲自古流傳
下來的習俗。
下）雲層厚重的冬天午後，我
在家做聖誕節的蠟燭裝飾。

百里香 ★喚起勇氣的香草

Thyme

晚秋晴朗的早晨，吹著清爽的涼風。在寒冷的冬天來臨前，我修剪長高的百里香枝葉。

百里香可以刺激人體免疫系統，乾燥處理後能作為治療感冒及咳嗽的藥材。也可以用來製作著名的「法國香草束（Bouquet Garni）」，加入料理中為濃湯或燉煮菜增添風味。

相傳吃了代表勇氣的百里香，會讓全身充滿活力，可以抑制恐懼與害羞情緒。因此古羅馬士兵都會在赴戰場打仗前，用百里香的香草浴泡澡。回顧百里香的歷史，中世紀的歐洲貴婦會在絲質手帕上，縫製蜜蜂在百里香上飛舞的刺繡圖案。然後在騎馬刺槍競技比賽時，偷偷送給愛慕的騎士。

我的香草庭院當然也少不了百里香。宿醉或腸胃不適時，將梅乾和百里香放入鍋中煮沸喝下，就能一掃不適症狀。頭痛或壓力大的時候，把百里香放入香爐焚燒，它的氣味能使人精神振奮、減輕症狀。百里香的香草薰浴可以改善面皰及肌膚乾燥；在按摩基底油中加入百里香精油，能緩和關節炎及痛風。如果將百里香拌入奶油，做成香草奶油放在冰箱冷藏，那整個冬天都可以使用。此外，古代的羅馬寺院，人們也會焚燒百里香作為燻煙式殺蟲劑或驅蟲劑。

● 栽種訣竅

耐寒的多年生草本矮木，可以種植在稍有遮蔭的地方。喜歡排水良好、略微肥沃質地輕的砂質土壤。要注意不能過度修枝，我通常會在冬天來臨前，修去約 1/3 的莖枝長度。

★蚊子不喜歡靠近種有百里香的地方。

★蜜蜂非常喜歡百里香。

百里香&鎂鹽排毒泡澡液

Energizing Thyme and Epsom Salt Treatment

鎂鹽（Epsom Salt，硫酸鎂）可以增強身體活力，使神經放鬆並排出體內毒素。泡澡的熱水溫度不要太高，泡浴 15 分鐘以上。

材料
百里香（新鮮或乾燥）……10 根
鎂鹽……4 大匙
水……4 杯
百里香精油……10 滴

作法
1 將水煮沸，放入百里香及百里香精油，繼續煮約 20 分鐘。
2 過濾之後，加入鎂鹽拌勻。
3 放入泡澡水中拌勻。

蘑菇百里香烤吐司

Mushroom on Toast Thyme

我的奶媽叮叮經常做這道下午茶點心給我吃。

材料（4 人份）
全麥胚芽吐司……4 片
蘑菇（切 3mm 厚片）……100g
蒜頭（切碎）……2 片
新鮮百里香葉（切碎）…1 大匙
橄欖油……少許
鹽、胡椒……少許

作法
1 平底鍋加熱橄欖油，稍微拌炒蒜頭。
2 留下一些百里香葉裝飾，其餘與蘑菇加入作法 1 拌炒，用鹽、胡椒調味。
3 吐司烤過後擺上作法 2，用百里香葉片裝飾。

奧勒岡彩椒豆腐焗烤

Pepper and Tofu Gratin, Oregano Flavour

這道料理可以當作前菜，也很適合當夏天的午餐，搭配剛烤好的羅勒麵包非常美味。

材料（4 人份）

紅色彩椒……中型 3 個
頂級初榨橄欖油……2 大匙
麵包粉……10 大匙
新鮮奧勒岡葉（切碎＋裝飾用）…2 大匙
新鮮巴西利葉（切碎＋裝飾用）……1 大匙
木棉豆腐（切 1cm 細丁）……1 塊
鹽、胡椒……適量
沙拉油……適量

作法

1 將紅色彩椒烤至表面呈焦色，沖水後去皮。去籽後撕成約 1cm 碎丁。
2 耐熱容器抹油後排上豆腐，再擺上彩椒，撒鹽、胡椒調味。
3 預留一些奧勒岡葉及巴西利葉裝飾。將麵包粉、奧勒岡葉、巴西利葉混合拌勻，鋪上作法 2、淋橄欖油，放進預熱 200 度的烤箱烘烤約 20 分鐘。
4 撒上奧勒岡葉和巴西利葉裝飾。

奧勒岡／牛至 ★山頂的喜悅

傳說希臘神話中的愛神阿芙蘿黛蒂，在蔚藍深海中找到的香草就是奧勒岡葉。女神將奧勒岡葉小心種植在山頂，因此它又被稱為「山頂的喜悅」。

奧勒岡香草茶有鎮定作用，可以治療頭痛或暈船，也可以當作護髮素使用，但要注意孕婦不可大量攝取。

我年輕的時候，跟旅伴開著一輛中古麵包車前往印度，通過土耳其時有個和奧勒岡相關的回憶。每天晚上我們都在小村莊搭帳篷露營，負責做菜的我使用當地蔬菜做料理，用營火燉煮「普羅旺斯雜燴」。

燉煮食材期間，我為了尋找可以增添風味的奧勒岡葉，而爬到附近的山頂尋找。奧勒岡葉生命力旺盛，會在荒涼的草原地帶生長。當時聞到微風中傳來奧勒岡葉的香氣，我心中充滿喜悅。

● **栽種訣竅**

耐寒的多年生草本植物。必須種植在日照良好的地方，喜歡排水良好、略微肥沃的土壤。隨時都可以採收。晚秋可以修枝到剩 10 公分高。

★蜜蜂很喜歡奧勒岡葉。

Oregano.

Hibiscus

木槿 ★ 擁有纖細之美的香草

今天起了一個大早，跟丈夫正到仰木峠的山麓散步。我們慢慢走在步道上，中途休息時我拿出保溫瓶，飲用木槿蜂蜜茶。

木槿的維生素 C 含量豐富，有利尿、降低血壓的功效，在山中步道健行時可以補充能量。

木槿原生於墨西哥、非洲、牙買加等熱帶氣候，因此冬天氣溫會下降到十度以下的大原無法栽種。所幸每年沖繩的友人都會寄給我一箱木槿花，我會把木槿加入以水果為基底的香草茶，增添色彩及香氣。喝不完的木槿花茶，也可以用來為頭髮潤絲，是很好的護髮素。

山上清淨的空氣冰冷又清爽，我想起一句諺語：「用正確方式生活的人會長壽」。

● 栽種訣竅
需要大量陽光以及排水良好的土壤，氣溫 7 度以上，是栽種基本要件。不耐寒霜，因此若在寒冷的地方栽種，冬天必須移到室內。

木槿玫瑰果元氣花草茶
Hibiscus, Rose Hip & Lemongrass Tea

丈夫正去爬山的時候，一定會泡這款熱茶放在水壺裡。這道花草茶維生素豐富，發燒或感冒時喝也對身體很好。可以浸泡約 30 分鐘讓味道濃一點，再依個人喜好與其他飲料搭配，或加入冰塊就是夏天最棒的清涼飲品。

材料
乾燥木槿花……2 小匙
玫瑰果乾……2 小匙
檸檬香茅（約 8cm）……3 根
熱水……1000ml
蜂蜜……適量

作法
1 在耐熱水壺中放入木槿花、玫瑰果乾、檸檬香茅，倒入熱水。
2 浸泡約 5 分鐘後倒出，依個人喜好加一些蜂蜜享用。

`Tennon` Persimmon
October

柿子&柚子滋潤唇膏
Persimmon & Yuzu Lip Cream

秋季某日,有個朋友告訴我柿子樹葉可以滋潤
嘴唇,我以此發想製作這一款唇膏。

材料
乾燥柿子葉（捏碎）……1 大匙
荷荷芭油……3 大匙
乳油木果油……1 小匙
蜂蜜……1 大匙
蜜蠟……1 又 1/2 大匙
檸檬精油……5 滴
柚子汁……5 滴

作法
1 將乾燥柿子葉泡在荷荷芭油中,2 週
  後過濾。
2 在小鍋中放進作法 1 和所有材料用小
  火煮,充分混合後稍微放涼,移到較
  小的容器中。

柿子 ★ 優質的香草

天色快要變暗了,柿子樹上轉紅的葉片,在金黃
色夕陽下相當美麗。三年前我曾經到大原附近的村
落,去找一位年輕的染布師傅,在那裡觀摩如何將未
成熟的澀柿子果實,壓碎做成染料（柿染）。這種土
紅色的染料,從日本古代就用來為布料加工防水,其
刺激性的味道也有驅逐蚊蟲的功效。我要離開的時
候,年輕的染布師傅告訴我,柿子汁需要發酵三年才
能轉變成染劑。

將澀柿子晒成柿子乾會變得很甜而且富含維生素
C,能夠緩解咳嗽症狀或是在快要感冒時增強體力。
此外,用柿子嫩葉蒸出來的茶,可以清潔血液,使血
液循環順暢。

大家都知道吃甜柿可以降低血壓,有強力的抗氧
化功效,也能紓緩宿醉不適。

我自製的染料過了三年多,終於可以使用了。太
陽即將西沉時,我在樹木塗上染劑,這些柿染劑可以
保護樹木不受雨水侵襲。

「吃水果的時候,想想種果樹的人吧。」

——越南諺語

● **栽種訣竅**
原產於中國和日本。喜歡日照,適合種在排水良好且肥
沃的粘性土壤中。建議在春秋兩季用堆肥覆蓋。春天要
確實澆水,夏天快要結束時則要減少澆水量。秋天可以
採收,盡量從靠近果實的地方剪下。
★柿子與桉樹會相互排斥,最好別種在附近。

December
12月

歲暮一個多雲的日子，我在庭院裡工作，風不斷從紅色楓葉的縫隙吹來。

12月

在庭院沉睡之前

Sazauka
山茶花

我們的道路就在於凝視自身作為的每一瞬間。
——鈴木俊隆（1905-1971）

Our way is to see what we are doing,
moment after moment.

——Shunryu Suzuki (1905-1971)

在日本，十二月稱作「師走」。「師」是寺廟裡地位最高的和尚，「走」如同字面意思，就是奔走的意思。寺廟裡地位最高的和尚平時可以很安靜，只有在十二月的時候連誦經的時間都沒有，要忙碌地四處奔走。因為所有工作都必須在年底之前完成。在西方，人們也必須在聖誕夜前完成所有事情，甚至有「聖誕狂潮（Christmas Rush）」的說法。

今天我在天還沒亮之前便醒來了，隨手拿把椅子，到面向大原東邊群山的窗前坐下。全世界都還在沉睡，四處被寂靜的黑暗包圍。隨著天空慢慢變亮，可以看見大原的鄉村被濃霧覆蓋。太陽一點一點從山的稜線後方出現，我全身沉浸在早晨的陽光，品味這安祥的時光。

此時有一隻狐狸跑過我家前方收割過的田地，我目不轉睛追逐著牠的身影，直到牠消失在黑暗的森林中。庭院還沒有從睡夢中醒來，我好喜歡早晨這段野生動物自由活動的時段。看著美麗的楓樹，光禿禿的枝幹襯著蔚藍天空，就像骷髏人偶一樣。我坐著回想童年的冬季，英國冬天太陽早上九點才露臉，下午四點就下山了，因此即使白天也很昏暗，夜晚的時間很長。英國下雨並吹著寒風的日子很多，所以下雪但沒有風雨的日子，孩子們會開心地穿上雪衣及長靴衝到屋外去，帶著木製雪橇到閃亮且軟綿綿的雪地上玩遊戲。除了屋子周圍的植物圍籬，有著在亮麗綠葉中閃耀的紅色歐洲冬青果實，其餘整個世界一片雪白。那時我們姐弟三人年紀還小，和我們最喜歡的法國奶媽叮叮，堆起一個比自己還高的雪人。然後給雪人戴上帽子，用石頭假裝眼睛、插上紅蘿蔔當

作鼻子。即使到了現在，我都還清楚記得當時雪人的模樣。

十二月也是大掃除、做各種準備讓庭院冬眠的季節。這個時期植物會停止生長，園藝工作也變少了。所有植物都自然枯萎，為了隔年春天發出新芽預作準備。

今天我預計要將所有不耐寒霜的香草，都移到溫暖的室內。種在庭院裡的熱帶植物，也都覆蓋綁成圓錐形的稻稈。晚秋慢慢轉變成冬天，我種下最後一批球根，並且在庭院所有植物的根部覆蓋自製堆肥，讓它們能溫暖過冬直到隔年的春天。我的思緒又突然回到小時候，想起我的母親。

對母親來說，聖誕節是對家族每個人表達重視和感謝的時刻。由於在上流階級社會成長，母親平時鮮少表露情感，不擅長誇獎別人，或對他人表示自己有多在乎他們。但是到了聖誕節，母親會認真為家裡妝點綠意，裝飾漂亮的聖誕樹。花好幾個小時製作肉派和聖誕布丁，並且偷偷為家人及傭人買禮物。母親很會畫畫，總是會在卡片上寫一些讓人會心一笑的短句。我在日本定居後，每次收到母親的卡片就會想家，想像母親為了不讓孫子們發現，偷偷藏起禮物的身影。

我搬到大原後，每年都會過我們寇松家代代相傳的傳統聖誕節。十二月晴朗的日子裡，我們會穿得暖暖的、踩著登山靴，帶著大竹簍去爬附近的登山步道。冬至前的這個時節，日照變得愈來愈短，從古至今世界各地的人到了冬至都會讚美太陽。

走在登山步道時，沿途若看見形狀好看的杉樹或松樹枝，我就會將它們剪下放進竹簍。我一邊走著，繫在背包上的鈴鐺便會叮噹作響。最近曾經在附近的山裡看過小熊，所以有點擔心。為了要讓熊聽到有人在附近，我會大聲唱著「冬青樹和常春藤」、「平安夜」等聖誕頌歌。

全世界的人過節習俗其實非常相似。自數千年前開始，在幾個不同的文化圈中，常綠樹都是永恆生命的象徵，在一年的末了會被用來當作裝飾。在日本的庭院裡，也經常可以看到結了果實的南天、草珊瑚以及萬兩，寒冬時能讓屋內及庭院變得活力有朝氣。

竹簍裝滿了後，我回到家中製作要放在玄關的花飾。這是從古羅馬時代流傳下來的習俗，古人相信綠色的葉子能阻擋惡靈侵入家中。我將做好的花飾掛在玄關，再度走到庭院去打掃落葉，將花壇清理乾淨。接下來只要等待聖誕與新年到來就好。柊樹果的花環和其他聖誕裝飾都完成了，我剪下一些剩餘的柊樹及迷迭香枝條，裝飾聖誕夜要用的燭台。

今天早晨庭院裡降下冬季第一場雪。遠處葉片落盡只剩下枝幹的樹林裡，有一群烏鴉嘎嘎鳴叫。我的手開始變得冰冷，於是收起園藝工具放到小屋中。仰望天空，燦然的陽光裡有一隻鳶像游泳般在空中滑翔。鳶只在轉瞬間顫動一下翅膀平衡身子，就這樣靜止不動，然後突然降落在杉樹上。陽光像輕撫著枝幹一般穿透杉樹林，在一天即將結束之時，這等光景何其美麗。

{ 工具 }

天空陰陰的，樹上的葉子全都掉光了。
雨水讓所有樹木一片濕淋淋。

心想「這樣的天氣沒辦法做庭院工作了」，於是把所有工具都收到小屋中避難。
我整理一下盆栽，把地板打掃乾淨。

十二月是將精心打造的園藝道具重新整理的時期。
清除工具上的泥土，仔細用油磨亮避免生鏽。

暗夜慢慢吞噬大原鄉村，周圍的群山如同一幅美麗的水墨畫。
棉花般的雲朵遮蓋山腰，大原的鄉村好像被施了魔法一般，飄浮在半空中。

{ 初霜 }

太陽升起，陽光從楓樹枝幹間流洩。
在灰色沉重的天空下，庭園裡降霜了。
陽光融解冰霜，濕濕的葉子閃耀著光輝。
大地引頸期盼象徵太陽復活的冬至祭典耶魯節*。

為了守護植物免於夜晚寒氣侵害，現在傍晚前必須將簡易溫室關上。
冬天時，不耐寒的植物要用稻草包覆、保持溫暖。

只要用心照顧，植物就會在隔年的春天表示感謝。
在不開花的冬季幫植物圍上稻草，造型像是冬季裡的另類藝術品。

{ 冬天的蠟燭 }

英語學校的課結束後，我大多會在傍晚前回到大原家中。
今天的課程和空氣令我覺得頭昏，因此我牽出腳踏車騎到鄉下的車站。

兩三片灰色的雲朵捎來傍晚的薄暮。
刺骨的北風吹向大原鄉村，冷冽清新的空氣充滿我的胸膛，
我感到無限歡喜，整個人也變得神清氣爽。

買好菜以後，我再次騎上腳踏車循著鄉間小路回家，一邊眺望兩旁的群山。
我放下背包到庭院裡去看幼苗的狀況。
天氣預報說今晚會下雪，我點上蠟燭給植物保持溫暖，防止溫室的溫度下降太多。

溫室裡，小小的燭光在月光下搖曳，光輝燦爛。

*編註：古代日耳曼族的宗教節日，後來受基督教影響而改為慶祝聖誕節。

Tools

The sky is a dark grey and all the branches are bare. The trees and the shrubs are looking a little bedraggled after the rain.

"It's too wet for gardening," I think. So I take refuge in my hideaway potting shed. I tidy up the stucco pots and sweep the floor.

December is a good time to clean and put away my well-made gardening tools. I wipe the earth off the tools and then I polish them with oil to prevent them from rust and to make them shine.

The dusk is slipping its way into the valley. I gaze at the mountains around me, they are like a series of beautiful Chinese sumie paintings. Cotton-wool-like clouds are blotting out some of the hillsides and there is magic in the air . . . It is as if Ohara is floating in the sky.

The First Frost

The climbing sun filters through the boughs of the maple trees. The sky is drear and dark and a sharp frost has fallen over the garden. The sun's rays melt the frost and the shiny wet leaves glitter in the light. The earth is waiting for the winter solstice, Yule, the supposed rebirth of the sun.

It's time to start closing the cold frame in the mid-afternoons, to protect the plants that are stored inside from the cold night air. Sheaves of dried rice straw can be put around the frost-tender plants to keep them warm and sheltered during the winter months.

The plants will thank us next spring for our tender loving care and instead of flowers . . . winter art!

Mexican Sage

墨西哥鼠尾草

A Candle in Winter

After teaching at my school, I usually return to Ohara in the late afternoon. Today my head felt heavy from teaching and from the city air, so I got out my bicycle, and began to ride uphill to the country market. A few grey clouds were bringing in the soft darkness of the twilight hours.

The keen north wind, blowing down the valley, was exhilarating and filled my lungs with pure fresh air and joy.

I bought some vegetables and rode back along the country lanes, glancing from side to side at the mountains around me. Putting down my rucksack, I walked into my garden to see how the seedlings were faring. I lit a candle in the cold frame to keep them warm as the weatherman had forecasted snow tonight!

The small candle inside glimmered bravely in the moonlight.

柑橘類 ★ 健康的泉源

日本在冬至那天晚上，會在泡澡盆中放入柚子，悠閒地把身體泡在又香又溫暖的熱水中，對太陽給予的能量心懷感謝。

第一次參觀大原的房子時，我看到庭院裡偌大的柚子樹非常開心。柚子等柑橘類，是人類最早開始栽種的水果之一。多數人都知道其維生素 C 含量豐富，除此之外它們還含有很多維生素 A、葉酸及膳食纖維。

我在冬季來臨前會採摘柚子的果實，製作可以溫暖身體的感冒藥，並製成滋潤嘴唇的唇膏。夏天想讓身體降溫的時候，會用冬天冷凍儲存的柚子汁來做檸檬麥茶等冰飲品。剩下的柚子種子，還可以留起來做化妝水。

年末時節農家友人總是會寄來一整箱的柑橘當作歲末禮品，非常感謝他的貼心。

我爬上梯子採收今年最後的柚子果實，這樣一來晚上就可以好好泡個柚子浴了。

yuzu.
柚子

● 栽種訣竅
柑橘類喜歡肥沃的土壤，只要是日照良好的地方，即使非常潮濕也可以長得很好。不耐寒霜，低溫最好不要低於零下 2 度，但橘子、金桔、柚子可耐受更低的溫度。如果使用盆栽缽種植，要經常澆水，換植的時間以二月中最合適。肥料可以在冬天施撒一次，春天開花後再撒一次。

檸檬香氛傢俱保養油
Lemon-Scented Furniture Oil

我有一個年代久遠但非常漂亮的松木餐桌。每年我都會用小蘇打及醋仔細擦洗，去除卡在木紋中的髒污，再用自製的檸檬香氛油磨光。打亮後的餐桌就像全新的傢俱令人驚艷。

材料
橄欖油⋯⋯250ml
檸檬精油⋯⋯20 滴

作法
將兩個材料混合均勻，然後移到小一點的酒瓶中。

柑橘奶油烤鮭魚

Grilled Salmon with Citrus Juices

這是一道非常適合 BBQ 餐宴的料理。

材料
鮭魚⋯⋯4 片
葡萄柚（去皮）⋯⋯ 一瓣
橘子（去皮）⋯⋯ 一瓣
新鮮珠蔥或蝦夷蔥（切碎）⋯⋯2 根
較烈的白酒⋯⋯60ml
橘子汁⋯⋯2 大匙 ｝ 醃料
新鮮鳳梨鼠尾草葉⋯⋯8 大片
迷迭香（新鮮或乾燥）⋯⋯4 枝
奶油⋯⋯2 大匙
鹽、胡椒⋯⋯適量

作法
1 所有醃料混合，將鮭魚浸泡其中，放在冰箱中冷藏 2～3 小時。
2 將作法 1 的每一片鮭魚塗上奶油，撒鹽、胡椒調味，用錫箔紙包起來，兩端扭緊，防止湯汁外漏。
3 放在烤台或烤箱中烘烤約 7 分鐘。不需要翻面，但要注意將所有部位烤透，可以不時變換位置。

金桔蜂蜜糖漿

Kumquat Honey

橘色的小果實中，滿滿都是維生素 A、C。把它泡在蜂蜜中，可以加入料理調味，或是放進紅茶中代替砂糖。切 2～3 片薑一起醃漬，就是對喉嚨有益的咳嗽藥。

材料
蜂蜜⋯⋯約1瓶
金桔⋯⋯適量

作法
將金桔去蒂放入消毒過的瓶子裡，
倒入大量蜂蜜蓋過金桔，
醃漬約一個月。

迷迭香 ★有助於記憶的香草

Rosemary

天色將晚，我正在準備晚餐。看到屋外粉紅色的夕陽，我忍不住走到庭院去，順道採了一些迷迭香。

迷迭香有很多用途。它可以提升記憶力、補充能量，改善血液循環，還可以活化大腦，讓人感覺恢復青春。

這種香草可以變化出多種美味的菜色，如迷迭香麵包、迷迭香蛋糕、迷迭香香煎馬鈴薯、迷迭香雞肉料理等。把迷迭香浸泡在紅酒醋中增加香氣也很棒，但要注意孕婦不可大量攝取。

迷迭香有強大的殺菌及抗氧化作用，經常用來製作肌膚保養品及肥皂，或是製成迷迭香洗髮精、和燕麥一起做成肥皂。疲累的時候用迷迭香泡澡，可以恢復元氣。

迷迭香能刺激毛囊，一天喝兩杯迷迭香茶可促進毛髮生長，並且提升記憶力，預防阿茲海默症。用迷迭香精油按摩，能緩和風濕和肌肉痠痛。迷迭香有「海之朝露」的意思，語源來自拉丁文「Ros」和「Marinus」，有許多傳說與習俗。過去在結婚儀式上，會將象徵貞節的迷迭香編入新娘的花飾頭冠。新婚夫婦家中的庭院也會種植迷迭香，它如果能順利生長良好，就代表夫妻和家庭的連結非常緊密。

● 栽種訣竅

耐寒的多年生草本植物。迷迭香喜歡可以遮蔽風雨，乾燥且日照良好的生長環境。適合石灰質多、排水良好的輕質土壤。隨時都可以採收，會愈長愈茂密不斷擴散，要適度修剪。
★迷迭香可以驅離蚊子。
★蜜蜂很喜歡迷迭香。

迷迭香昆布洗髮精
Rosemary & Kombu Shampoo

迷迭香有滋養功效，能加深自然健康的黑色髮色。用這款洗髮精刺激毛囊，可促進生髮、預防掉髮及禿頭。富含礦物質的昆布，除了增加洗髮精濃稠度，還能讓頭髮增加光澤。也可以加入幾根蘆薈果肉，雖然會變色，但能持續使用，最好在兩個月以內用完。冬天寒冷時如果結凍，加一些溫水稀釋即可使用。

材料
迷迭香枝葉
（新鮮或乾燥約 10cm）…6 根
昆布乾（約 10cm）……1 片
新鮮迷迭香枝葉（裝飾用）…1 根
迷迭香精油……2 滴
山茶花油……1 小匙
水……3 杯
純肥皂粉……2 大匙

作法
1 在鍋中加水放入迷迭香、昆布乾，蓋上鍋蓋煮滾。
2 煮沸後轉小火煮 20～30 分鐘製作熬煮液。若有蒸發可適量加水，最後剩下約 2 杯熬煮液即可。
3 將作法 2 過濾，加入純肥皂粉溶解，移到洗髮精專用容器。
4 加入迷迭香精油和山茶花油，以及裝飾用的迷迭香。

義大利迷迭香麵包
Italian Rosemary Bread

我十歲的時候，全家人出海航行到義大利一個叫做菲諾港（Portofino）的小漁村。每次只要吃這款麵包，就會想到那一趟義大利旅行。

材料（3 斤）
砂糖……1 小匙
溫水……4 杯
酵母粉……1 大匙
高筋麵粉……12 杯
天然海鹽……1 大匙
新鮮羅勒、迷迭香（切碎）…共 5 大匙
番茄乾（切碎）……1 杯
頂級初榨橄欖油……2/3 杯
新鮮迷迭香枝葉（裝飾用）……適量
橄欖油……適量
岩鹽……少許

作法
1 砂糖放入碗盆，倒入 2/3 杯溫水，均勻撒上酵母粉，放在溫暖處 10～15 分鐘直到起泡。
2 在大碗盆中放入高筋麵粉、天然海鹽、羅勒、迷迭香、番茄乾。
3 作法 2 加入初榨橄欖油和作法 1，用湯匙少量多次加入剩下的溫水拌勻。
4 揉捏作法 3 的麵團約 5 分鐘，直到麵團變柔軟、不會沾黏手指。麵團表面塗一些油（分量外），輕輕蓋上一層保鮮膜，放在溫暖處約 40 分鐘。
5 再揉一次麵團，分成 3 等分，放在烤盤紙上，並在麵團上割十字切紋。
6 用刷子在麵團表面薄塗橄欖油，放上裝飾用迷迭香、撒岩鹽。放進預熱200 度的烤箱烘烤約 25 分鐘。

鄉村風香草烤蔬菜
Roasted Vegetables with Herbs

天氣晴朗時，我常到隔壁村落安靜的原野健行，我有時會預約那邊的有機咖啡館「Café Millet」用餐。我第一次吃到此料理就是在這家咖啡館，作法很簡單，又能吃到多種蔬菜，現在已經是我家常吃的料理。搭配麵包一起吃非常美味喔。

材料
洋蔥＊（切片）……1 顆
紅蘿蔔＊（滾刀切塊）……2 條
番茄（切 4 塊）……2 顆
青椒（切片）……2 個
紅色彩椒（切片）……2 顆
地瓜＊（切片）……1 個
橄欖油……8 大匙
新鮮迷迭香……2 根
黑胡椒……適量
粗鹽……適量

作法
1 將蔬菜放入裝有橄欖油的碗盆中，撒粗鹽、黑胡椒。
2 將蔬菜排在耐熱器皿中，均勻撒上迷迭香。
3 放進預熱 200 度的烤箱中烘烤約 30 分鐘，直到蔬菜變酥脆或柔軟。

＊若為無農藥栽培可不去皮。

Common Sage

藥用鼠尾草 ★ 拯救的香草

冷冽清新的空氣中，冬天的陽光照耀大地，所有事物都在發亮。我撿了幾隻鼠尾草莖枝，打著寒顫返回家中，打算用它製作預防感冒的藥材。

在南歐的斜坡經常可以看見鼠尾草，其拉丁文是「salvare」，有拯救、治療的意思。

鼠尾草的葉子，可以用來替豬肉香腸增添風味。在義大利的牛犢料理中也會使用。料理時拿來當填塞物或做成天婦羅，都非常美味。

鼠尾草含有豐富的植物雌激素，可以緩和更年期症狀。多虧有它，讓我安然地度過更年期。用鼠尾草泡茶，有淨化血液、提升記憶力的功效。

泡藥草茶的時候，我會放一些紫葉鼠尾草，但是做料理只能使用味道比較好的藥用鼠尾草。鼠尾草熬煮液可以當頭髮潤絲精使用，讓乾燥的頭髮滋潤有光澤；當漱口水使用，則能緩和牙齦出血及口腔潰瘍。用鼠尾草敷臉還可以縮小毛細孔。

自古以來，鼠尾草就是象徵健康、智慧與長壽的香草。

● 栽種訣竅
耐寒的多年生草本矮木。喜歡日照以及排水良好、略微肥沃的土壤。因為大原多雨，所以我將鼠尾草種在盆栽中，放在淋不到雨且日照良好的地方。
★鼠尾草可以驅離蚊蟲。
★蜜蜂很喜歡鼠尾草。

鼠尾草喉嚨噴霧
Sore Throat Spray

覺得自己快感冒的時候，可以馬上噴在喉嚨內側。能使感冒病菌退散，喉嚨變清爽。

材料
鼠尾草葉（新鮮或乾燥）……5 片
胡椒薄荷（新鮮或乾燥）……5 片
丁香……3 顆
枇杷葉藥酒……30ml

作法
1 將所有材料放進大玻璃瓶中，靜置在涼爽陰暗處約 2 週。
2 過濾後放進消毒過的噴霧瓶中。

鼠尾草足癬藥粉
Athlete's Foot Powder

這款藥粉對付香港腳非常有效，請持續使用直到症狀解除。

材料
玉米粉……70g
小蘇打……70g
乾燥鼠尾草葉……4 大匙
茶葉精油……24 滴

作法
1 將所有材料放進研磨缽或果汁機中，攪碎拌勻。
2 傍晚洗腳擦乾之後，在患部撒上作法 1 的粉末。
3 直接穿上襪子睡覺。

★覺得腳有異味時，也可以在熱水中放入鼠尾草泡腳。

紅糖烤榲桲

Baked Quince

吹著寒冷北風的日子裡，採收庭院裡的榲桲後，我會製作這道簡單又好吃的甜點。紅糖分量可以依個人喜好調整。

材料

榲桲（帶皮）……2 顆
紅糖……4 大匙
柚子汁……1 顆分量
鮮奶油……200ml
新鮮薄荷葉（裝飾用）……適量

作法

1 將榲桲放進預熱 180 度的烤箱中烘烤約 1 小時，使榲桲變軟熟。
2 榲桲壓碎、榨出柚子汁，加入紅糖與 100ml 鮮奶油充分拌勻到呈粥狀。
3 剩下的鮮奶油打發，擺在作法 2 的榲桲上，依個人喜好加入紅糖。
4 盛盤、裝飾薄荷葉。

榲桲 ★ 象徵愛與幸福的香草

被蓊鬱杉樹林覆蓋綿延的遠山，升起一片白霧。大原鄉村恢復寂靜，空氣中飄散落葉芬芳的味道。散步途中，我看到榲桲樹上金光閃閃的黃色果實，這樣的早晨景色何其美麗啊。

榲桲在溫暖的地區可以隨處生長，因此常見於許多國家。榲桲和人們從古時候就經常栽種的槭欏非常相似。過去每家的院子裡都會種一棵榲桲，用來製作果凍、糖果、果醬等點心，是非常重要而且會代代相傳的家族樹木，但後來被蘋果和西洋梨取代了。每到秋天，榲桲的樹葉就會由深綠色轉變成明亮的黃色。

直接吃榲桲的果實可以促進消化，並緩和腹痛及肌肉痠痛。把它加進糖漿或利口酒中，能減緩喉嚨痛或咳嗽症狀。在某些國家，人們會將榲桲種子周圍的膠狀當作頭髮塑型劑使用。此外，把榲桲的種子泡在水中約一小時，會產生天然黏液，就成了對睫毛相當溫和的睫毛膏。

獻給愛神阿芙蘿黛蒂的榲桲果實，古時候是愛與豐饒的象徵，也是愛的誓言證物，因此被當作贈禮。

生命每一個瞬間的選擇累積堆疊，就形成了愛。

● 栽種訣竅

耐寒的高大落葉樹。喜歡質地重的黏土，以及日照良好的地方。榲桲的根很淺，挖掘根部時要小心。離主幹較遠的枝幹及新枝，較少開花結果，可以修剪去除。

Quince

對香草及料理的覺醒

安寧地獨享糟糠，勝過焦慮地分
食盛宴。

——《伊索寓言》

A crust eaten in peace is better than
a banquet partaken in anxiety.

——Aesop

Sailing to France
1961.

母親熱愛法國，很喜歡料理與美食。特別是貝類、香草、美酒這類的地中海料理是她的最愛。在我家工作的廚師大多出身西班牙或葡萄牙，各國風味也自然而然反映在他們所做的料理中。

每到暑假我都會去拜訪住在瑞士萊芒湖畔的父親，也曾經在他位於南法普羅旺斯艾克斯（Aix-en-Provence）的別墅裡度過寒假，那裡有一座香草花園。

一九五五年，我跟隨母親和她的第三任丈夫塔德利・坎里夫＝歐文，在西班牙的巴塞隆納生活了一年。在一座有中庭的白色大宅院中，我第一次吃到海鮮燉飯。

離開西班牙之後，我又搬到澤西島居住，它位於以龍蝦、新薯、澤西牛奶聞名於世的海峽群島中。該島的大小約和日本淡路島相當，從法國北部布列塔尼的聖馬洛乘船，約兩個小時可以到達。當地人說的是法國方言，由於澤西島的稅率相當低，居民大部分都是權貴之家，例如住在我家旁邊的就是卡地亞家族。澤西島是英國屬地，因此也廣泛使用英文。

由於澤西島離法國很近，我們家經常乘船到聖馬洛去度過週末。租一輛車、投宿在鄉間民居，到餐廳享受生蠔、鵝肝醬、法國起司等等各式各樣珍味。母親總是拿著「米其林指南」尋找新的餐廳，若遇到沒吃過的料理，回到澤西島後就會自己試做看看。我們家與一般英國家庭不同，大多數時間都在歐陸生活。也因為如此，我從很小的時候就習慣使用新鮮香草和紅酒做料理。

我第一次下廚是在十一歲的時候。某個春天早晨，塔德利繼父到孩子住的樓房宣布說：

「今天開始大家一起出門去冒險吧！我們要在船上生活三個月，學校也不用去了。」

「太棒了！不用上學！」

我們全部都欣喜若狂。

船由勒阿弗爾啟航，沿著塞納河往巴黎、里昂方向前進，沿途停靠馬賽。繼父分派弟弟查爾斯負責掌舵，我負責做菜，凱瑟琳則是大家的助手。

我們齊聲回答「遵命，船長！」旅程就開始了。這艘被命名為「墨代爾德利奇號」的古老帆船，全長有二十公尺。船上有三間寢室以及廁所、淋浴間，跟一個小小的廚房。甲板上

有一個屋簷，以及兩根巨大的帆柱。我們在一個冷颼颼的陰天，由聖赫利爾港出航。那天英吉利海峽的海象波濤洶湧，因為不想在搖搖晃晃的廚房裡做菜，只好先用帶到船上的麵包、起司及沙拉果腹。船一駛進塞納河，風就停了下來，海象也變得平穩，我們放下帆，將引擎打開，緩慢在塞納河上航行。

由於在那之前只看得到冰冷陰暗的大海，河岸對面寬闊的街道、村莊，以及田園風光讓我覺得非常美好。接近傍晚時分，我們抵達第一個運河，塔德利繼父交給我一個籃子和法郎，要我去買一些水果、優格、雞蛋、巴西利及龍艾回來，說要教我做香草歐姆蛋。我帶著不安的心情出發，到街道上去找菜販。那裡的街道是用石頭鋪設的，所有事物看起來都很陌生。我內心非常忐忑，擔心自己憋腳的法語無法順利溝通，而周圍的人則是對年紀小小的我一人出門購物感到驚奇，親切地協助我。在這裡我第一次知道，如何挑選成熟美味的桃子和洋梨；也是第一次體驗每天早起跟著法國麵包的香氣，找到街上最早開門的麵包店。還在食材琳琅滿目的市場裡，尋找熟成的起司與做沙拉的蔬菜。每天的早餐、午餐都由我負責料理，晚餐就到河邊的餐廳或咖啡店用餐。途中一直到地中海之間的旅程都非常愉快，想要好好遊覽法國，坐船旅行相信會是最好的方式。

我對做菜有一點自信之後，塔德利繼父教我做了好多簡單的料理。我最幸福的回憶是，當我做出美味料理時，塔德利繼父就會回報滿心歡喜的笑臉。

當時我只學會最基本的料理方法，但我想就是從這個時候開始，我對每一種蔬菜水果以及香草背後潛藏的特性，產生濃厚的興趣。到

達馬賽之後，我們又在坎城、尼斯、昂蒂布、摩納哥之間航行，出入各地的賭城。塔德利繼父出身英美菸草公司名門，非常喜歡華麗炫目又刺激的賭城世界。在船上生活的這幾個月，我也見過葛麗絲·凱莉、史恩·康納萊、亞里士多德·歐納西斯[*1]等塔德利的朋友。有時候他會帶我去看賭城晚上的歌舞秀，因此我也開始對歌唱及舞蹈產生興趣。

和塔德利繼父的帆船之旅結束後不久，我就去了一間位於雅士谷（Ascot）郊外的赫思費特寄宿學校（Heathfield）就讀。我在這間學校繼續學習料理，宿舍裡每一塊腹地內都有種植香草與蔬菜的菜園。小時候母親做菜時經常要我到庭院裡去採巴西利、龍艾或蝦夷蔥，但是除此之外，我沒有留意其他的香草。母親經常用蝦夷蔥裝飾馬鈴薯做的冷湯，龍艾則用在搭配雞肉的白醬裡，母親最喜歡的烤羊肋排則會使用迷迭香。我們家的日常三餐會由傭人準備，但每週一到兩次的晚宴，則必定由母親親自下廚。這時候母親不想被孩子們打擾，會全神貫注烹煮料理。一九六四年，我們家變成有七個小孩的大家族，母親第四次結婚。

十四歲以後，母親送給我一間有廚房的公寓，我在這裡嘗試挑戰各種料理，很喜歡在朋友面前展現廚藝。雖然這間公寓也有讓我獨立的意思，但其實是因為我和母親經常意見不合而分開居住。母親認為唯有嫁給貴族才能得到幸福，而我無法認同這樣的想法。我對人生有我自己的想像，每天我都沉溺於閱讀哲學、東方神祕主義、瑜伽、佛教，以及赫曼·赫賽[*2]的小說等。

雖說如此，我還是聽從母親的意見，老實地作為一個名媛（Débutante[*3]），一年之間參

加了無數社交派對。但上流階級每個人都居心叵測，社交活動令我感到非常無趣。對上流社會感到幻滅的我，想要找到屬於自己的道路，決心離開英國。我想要知道自己到底是誰，我不斷追尋能夠為我提示正道的心靈導師。我想要獲得自由，從負面思考、恐懼感以及內心沉重的包袱中解脫。我的終極目標是，希望生命中時時刻刻都能用真實的感受生活。

我來到凱德爾斯頓莊園向祖父道別。主樓下方陳列許多從印度帶回來的展示品。我曾祖父的哥哥曾經擔任六年印度總督（一八八九～一九〇五年），當時受贈的許多藝術品都收藏在玻璃展示架上，集合成一座「東方美術館」。冥冥之中我覺得自己受到印度的召喚，回到倫敦後，我變賣名媛穿著的長禮服以及珠寶。

我在偶然間聽到，有一群年輕人要在九月，搭乘麵包店的中古廂型車前往印度。他們將沿著陸路到一個叫做台拉登（Dehradun）的城鎮，去見一位年僅十二歲的瑜伽大師。於是我央求他們讓我加入，這趟旅途的道路滿是泥濘，投宿過一個又一個村莊，由我負責做菜。而這趟旅程也成為我對香草及各種香料覺醒的契機。

當我們的車子在村莊中停下，當地居民就會聚過來看看來者何人。在希臘、土耳其、伊朗、阿富汗、巴基斯坦等地幾乎都沒有人會說英文，我們便以手勢來溝通，詢問能否搭設帳篷。為了讓他們放下警戒心，牛仔風格的美國年輕人拿出吉他，唱起一些民謠，而我也一同加入。村民也會用手打拍子，有些人甚至會隨著音樂起舞，或拿出自己的樂器一起演奏同樂。即使語言不通，音樂卻能消除彼此心中的城牆。當旅伴之中有人升起營火，開始煮蔬菜

燉湯或咖哩，當地人也會帶來田地裡新鮮的蔬果，讓我們加入料理中。曾經有人帶著麵包或印度烤餅來，就坐在營地裡跟我們一起吃飯。

我們的車緩慢橫越大陸，每天晚上與沿途不同地方的人相遇，透過音樂獲得相同的感動，對我來說這是一趟人生中最棒的旅行。觀察每個國家不同的風景、文化、料理，以及人們的特質非常有趣，同時也可以發現這些差異是緩慢累積而成的。我深刻感受到不管是哪裡的人，其實都相去不遠。每天晚上吃到的燉湯與咖哩味道，也慢慢變得不一樣。因為每到一個地方，居民就會推薦給我們當地特別的香草和辛香料。將這些材料加進料理，便產生了不同的獨特風味。

旅程中有歡喜，也有一些恐怖的經驗。我們一起經歷許多冒險之後，終於在十月結束之前抵達目的地。在阿修羅冥想道場裡，我負責煮不辣的料理，我使用印度的香草及辛香料做菜，學會如何煮飯給一大群人吃。因為聽聞少年瑜伽大師來到的消息，人們紛紛由各地聚集而來。

雖然我最終沒有成為廚師，但至今我還是非常喜歡為別人下廚。替朋友與家人煮飯，當然更重要的，是為了我的丈夫。在大原夏天的傍晚，使用廚房菜園種植的蔬菜、香草、蒜頭以及橄欖油，製作簡單的開胃菜給家人吃，對我來說是結束一天最棒的方式。喝著紅酒一邊與丈夫聊天，是我最享受的事。

＊1編註：Aristotle Onassis，已故希臘船王，曾是世界首富。
＊2編註：Hermann Hesse，德國詩人、小說家，一九四六年諾貝爾文學獎得主，著有《流浪者之歌》等作品。
＊3編註：初入社交界的貴族名媛。

Love will find a way

Ohara
Cottage
in the Summer.

庭院裡的四季花朵

西班牙花園

美酒花園

森林花園

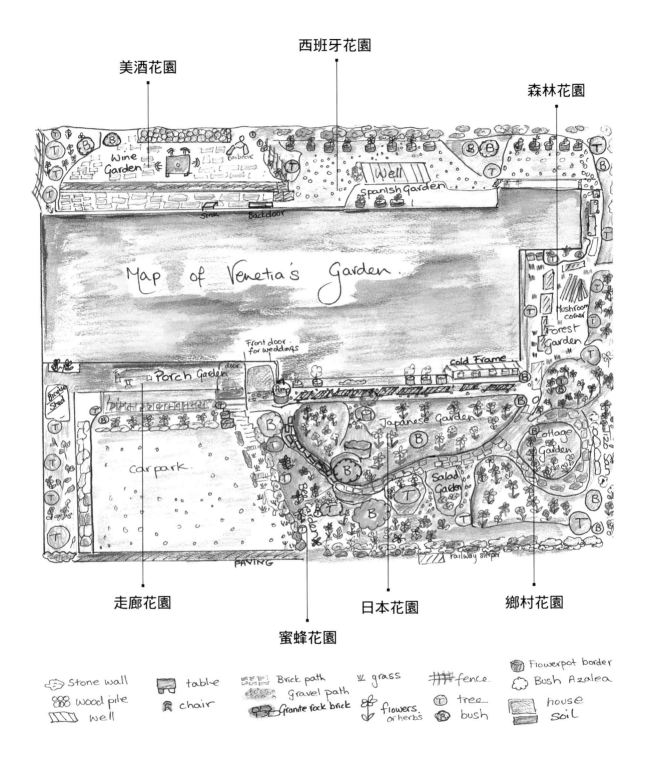

走廊花園

蜜蜂花園

日本花園

鄉村花園

我會用心設計栽種計畫，讓每座花園在一年四季，皆有花朵盛開。
以下列出每座花園各季節會綻放的代表性花朵及香草。

春 3〜5月 ------------------------------------

美酒花園
山茶　Camellia
鬱金香　Tulip
三色菫　Heart's ease pansy
蒲桃　Apple rose
月桂　Bay leaf

西班牙花園
三色菫　Heart's ease pansy
天竺葵　Geranium
茶　Tea plant
貝利氏相思　Mimosa
葡萄風信子　Grape hyacinth
金蓮花　Nasturtium

森林花園
藍花韭　Spring starflower
水仙　Daffodil
聖誕玫瑰　Christmas rose
野芝麻　Yellow archangel
黃花貝母　Fritillaria
枇杷　Loquat

鄉村花園
香菫菜　Sweet violet
野春菊
梅花　Japanese apricot
毛地黃　Foxglove
金盞花　Pot marigold
鐵線蓮　Clematis
勿忘草　Forget-me-not
野草莓　Wild strawberry
帚石楠　Heather
櫻桃鼠尾草　Cherry sage
迷迭香　Rosemary
中國水仙花　Chinese narcissus
番紅花　Crocus
德國鳶尾　Dalmatian iris
山茶　Camellia
月桂　Bay leaf

日本花園
琉璃苣　Borage
檸檬香蜂草　Lemon balm
雪花蓮　Snowdrop
鬱金香　Tulip

三色菫　Heart's ease pansy
天竺葵　Geranium
野春菊
錦葵　Mallow
木香花　Banksia rose
藥用鼠尾草　Common sage
芸香　Rue
水仙　Daffodil
小蔓長春花　Common periwinkle
雪花蓮　Snowdrop
野芝麻　Yellow archangel

蜜蜂花園
百里香　Thyme
魚腥草　Chinese lizard tail
迷迭香　Rosemary

走廊花園
櫻桃鼠尾草　Cherry sage
水仙　Daffodil
榕葉毛茛　Lesser celandine
金蓮花　Nasturtium
玫瑰　Rose

夏 6〜8月 ------------------------------------

美酒花園
梔子　Gardenia
櫟葉繡球　Oak-leaved hydrangea
薰衣草　Lavender
檸檬馬鞭草　Lemon verbena

西班牙花園
百合　Lily
黑心金光菊　Black-eyed Susan
天竺葵　Geranium
蝦夷蔥　Chives
芳香天竺葵　Scented geranium
雅達諾加塔野薔薇（筑紫薔薇）
Rosa multiflora var. *adenocheata*
金蓮花　Nasturtium
秋海棠　Hardy begonia

森林花園
玉簪　Plantain lily
紫花霍香薊　Mexican ageratum

檸檬香茅　Lemongrass
枇杷　Loquat

鄉村花園

野春菊
風鈴草　Bellflower
金盞花　Pot marigold
毛地黃　Foxglove
紫花蘭香草　Sweet Joe Pye
鐵線蓮　Clematis
美洲薄荷　Horsemint
管蜂香草　Bergamot
奧勒岡　Oregano
檸檬香蜂草　Lemon balm
瓜拉尼鼠尾草　Anise-scented sage
矢車菊　Cornflower
馬鞭草　Vervain

日本花園

野草莓　Wild strawberry
琉璃苣　Borage
檸檬香蜂草　Lemon balm
茴香　Fennel
羅勒　Basil
天竺葵　Geranium
芳香天竺葵　Scented geranium
紫錐花　Echinacea
錦葵　Mallow
野繡球　Smooth hydrangea
皋月杜鵑　Satsuki azalea
藥用鼠尾草　Common sage
管蜂香草　Bergamot
肥皂草　Soapwort
芸香　Rue
蜀葵　Hollyhock
金知風草　Japanese forest grass
野春菊
魚腥草　Chinese lizard tail

蜜蜂花園

圓葉薄荷　Apple mint
普列薄荷　Pennyroyal
海索草　Hyssop
薰衣草　Lavender
百里香　Thyme
紫花霍香薊　Mexican ageratum

走廊花園

薰衣草　Lavender

福祿考　Annual phlox
野草莓　Wild strawberry
櫻桃鼠尾草　Cherry sage
秋海棠　Hardy begonia
貞潔樹　Chaste tree
黑心金光菊　Black-eyed Susan
假荊芥風輪菜　Lesser calamint
大麗菊　Dahlia
啤酒花　Hop
玫瑰　Rose

秋 9～11月

美酒花園

木槿　Rose of Sharon
巧克力皺葉澤蘭　*Eupatorium rugosum* 'chocolate'
茶梅　Camellia sasanqua

西班牙花園

無花果　Fig
瑪格麗特　Paris daisy
王瓜　Japanese snake gourd
秋海棠　Hardy begonia
茶樹　Tea plant
迷迭香　Rosemary
鳳梨鼠尾草　Pineapple sage
黑心金光菊　Black-eyed Susan

森林花園

單穗升麻　Bugbane
柚子　Yuzu
杜若　Pollia
枇杷　Loquat
紫花霍香薊　Mexican ageratum
茶梅　Camellia sasanqua
迷迭香　Rosemary

鄉村花園

艾菊　Tansy
波斯菊　Cosmos
黑心金光菊　Black-eyed Susan
隨意草　Virginia lion's heart
北山友禪菊　False aster
鬼針草一種　Winter cosmos
迷迭香　Rosemary
澤蘭　Thoroughwort
菊花　Chrysanthemum

Phlox

美洲薄荷　Horsemint
地榆　Great burnet
紫花霍香薊　Mexican ageratum
瓜拉尼鼠尾草　Anise-scented sage

日本花園
鼠尾草屬　Cobalt sage（*Salvia reptans*）
隨意草　Virginia lion's heart
秋芍藥　Japanese anemone
鳳梨鼠尾草　Pineapple sage
弁慶草
墨西哥鼠尾草　Mexican bush sage
迷迭香　Rosemary
雁金草　Bluebeard
澤蘭（白色）　Thoroughwort
金知風草　Japanese forest grass
油點草　Hairy toad lily
蔥蓮　Fairy lily
天藍鼠尾草　Bog sage
大吳風草　Japanese silver leaf
石蒜　Red spider lily

蜜蜂花園
歐夏至草　Horehound
蘭香草　Blue spirea
紫花霍香薊　Mexican ageratum
假荊芥風輪菜　Lesser calamint
迷迭香　Rosemary

走廊花園
秋海棠　Hardy begonia
金線草　Jumpseed
假荊芥風輪菜　Lesser calamint
啤酒花　Hop

冬　12～2月 ------------------------------------

美酒花園
三色堇　Heart's ease pansy
茶梅　Camellia sasanqua

西班牙花園
三色堇　Heart's ease pansy
寒莓　Buerger raspberry
迷迭香　Rosemary

Narcissus Daffodil

森林花園
柊樹　Holly olive
水仙　Daffodil
聖誕玫瑰　Christmas rose
歐洲冬青　English holly
迷迭香　Rosemary
萬兩　Coralberry
草珊瑚　Chloranthus
枇杷　Loquat
茶梅　Camellia sasanqua

鄉村花園
香菫菜　Sweet violet
迷迭香　Rosemary
水仙　Daffodil

日本花園
雪花蓮　Snowdrop
三色堇　Heart's ease pansy
迷迭香　Rosemary
萬兩　Coralberry
歐洲報春花　Primrose
草珊瑚　Chloranthus

蜜蜂花園
番紅花　Saffron crocus
蘭香草　Blue spirea
水仙　Daffodil
迷迭香　Rosemary

走廊花園
水仙　Daffodil

索引

★閱讀本書時，敬請理解香草功效大多是靠經驗及先人智慧流傳下來，經過臨床研究及科學根據尚有不足。請特別注意：如果想運用香草達到治療目的，對於懷孕、哺乳中的女性，嬰幼兒及老年人，以及正在接受藥物治療的患者，可能會出現負面副作用，使用前一定要先洽詢專業醫師。

The Well

維妮西雅‧史坦利‧史密斯
Venetia Stanley-Smith

　　香草專家。一九五〇年出生於英國以貴族鄉村宅邸聞名的凱德爾斯頓會堂（Kedleston Hall）。十九歲時，對貴族社會的生活感到迷惘，於是離開英國到印度旅行。

　　一九七一年到日本、一九七八年在京都設立維妮西雅國際學校（Venetia International School）。

　　一九九六年搬到大原一間有百年歷史的古民宅居住。維妮西雅因為能巧妙運用香草製作各種生活必需品，使她在古民宅打造庭院、順應自然的生活方式受到大眾矚目。除著書外，她也活躍於電視節目，經常到各地演講。

謝　辭

　　我想將本書送我的女兒們——莎琪雅與茱莉，希望她們的夢想能夠實現。

　　本書出版之際，我想對竹林正子小姐獻上我由衷的感謝，感謝她將我的文字轉換成美麗的日文。能由正子來翻譯我的書，我感到無比幸運，她是我真正的朋友。我也要對本書編輯飯田想美小姐表示感謝。

　　本書照片全部由我的丈夫梶山正負責拍攝，沒有他的協助我無法完成此書。

　　此外，我很榮幸得到一個優秀工作團隊的協助，前田敦子、辻典子、定國玲奈、杉本千明、岩崎千代，以及總是沉穩且笑容不斷的 Bisugou Etsuko，真的非常感謝。

維妮西雅‧史坦利‧史密斯
Venetia Stanley-Smith

參考文獻

1) *The Gardener's Wise Words and Country Ways*, 2007. Ruth Binney
2) *The Joy of Gardening*, 2009. Eileen Campbell
3) *Gardeners' World Top Tips: A Treasury of Garden Wisdom*, 2009. Louise Hampden
4) *Hatfield's Herbal*, 2007. Gabrielle Hatfield
5) *The Bedside Book of the Garden*, 2008. D. G. Hessayon
6) *The Medieval Garden*, 2003. Sylvia Landsberg
7) *Gardening Tips from Dermot O'Neill and Friends*, 2002. Dermot O'Neill
8) *One for Sorrow: A Book of Old-Fashioned Lore*, 2011. Chloe Rhodes

生活樹系列 029

芳療香草・慢生活
Venetia's Gardening Diary

作　　者	維妮西雅・史坦利・史密斯（Venetia Stanley-Smith）
插　　畫	維妮西雅・史坦利・史密斯（Venetia Stanley-Smith）
攝　　影	梶山正
譯　　者	方冠婷
副總編輯	陳永芬
執行編輯	洪曉萍
封面設計	陳文德
內文排版	菩薩蠻數位文化有限公司

出版發行	采實出版集團
行銷企劃	黃文慧、王珉嵐
業務經理	廖建閔
業務發行	張世明、楊筱薔、鍾承達、李韶婕
會計行政	王雅蕙、李韶婉
法律顧問	第一國際法律事務所 余淑杏律師
電子信箱	acme@acmebook.com.tw
采實文化粉絲團	http://www.facebook.com/acmebook

ＩＳＢＮ	978-986-5683-99-3
定　　價	580 元
初版一刷	2016 年 3 月 3 日
劃撥帳號	50148859
劃撥戶名	采實文化事業有限公司
	100 台北市中山區建國北路二段 92 號 9 樓
	電話：（02）2518-5198
	傳真：（02）2518-2098

國家圖書館出版品預行編目(CIP)資料

芳療香草・慢生活／維妮西雅・史坦利・史密斯作；方冠婷譯.
-- 初版. -- 臺北市：采實文化, 民 105.3　面；　公分. --（樂生活系列；29）
ISBN　978-986-5683-99-3（平裝）

1.香料作物 2.栽培 3.食譜 4.美容

434.193　　　　　　　　　　　　　　　　104029110

園藝の趣味科學

日本園藝學院校長首度公開，
第一次種植就成功的的「種植訣竅」

300 張圖片解説，簡單、易懂、豐富有趣
園藝愛好者不能錯過的 107 個種植技巧
一次學會栽種繁殖、澆水施肥、修剪養護的園藝百科全書

- 為什麼要整土？如何運用不同的材質盆器？為何需要盆底石？
- 液態肥可以帶來立即成效？如何預防病蟲害？
- 夜晚及下午不宜澆水？什麼是徒長？
- ◆◆最有趣、最實用的園藝科學知識，都在本書中◆◆

上田善弘◎著　定價 NT330

---

161 種懶人植物，擺著就能自己活！

愛肉人集合！多肉迷必追！多肉植物最佳入門書

日本多肉植物超人氣品牌
sol×sol 設計總監、達人嚴
選 161 種最適合新手種植的
多肉品種，圖鑑式介紹，讓
你快速選出最適合自己的多
肉品種。

- 簡單易懂！新手也不失敗
- 克服困難 Q&A 大解答
- 多肉迷最想學的組盆技巧

松山美紗◎著　定價 NT320

新手種花 100 問

大圖解！種花達人傳授 30 年實務經驗，
500 張照片一看就懂！

澆水、換盆、施肥、修剪，
新手最想知道的問題大解
答！「按時澆水、施肥，植
物還是長不活？買盆栽都活
不過一個月？」看這本書，
享受綠生活 So easy！

- 超詳細 × 最易懂
- 大圖解 × 不失敗
種花各種疑難雜症一一破解

陳坤燦◎著　定價 NT350

---

1 坪小空間就能種！
小陽台の療癒花園提案

超好種的蔬果 × 花卉 × 組合盆栽大公開

想要擁有美麗的陽台花園，
卻不知從何下手？讓日本園
藝設計師教你不用花太多時
間、精神，就能打造出一年
四季都美麗的陽台花園！

- 改造步驟 Step By Step
- 新手訣竅一次告訴你！
- 輕鬆養護無負擔
- 組合盆栽營造華麗感

山元和實◎監修　定價 NT300

100% 療癒の神奇植物

食蟲植物 × 多肉植物 × 空氣鳳梨の完全種植手札

忙碌的工作、生活的壓力，
總是讓你感到煩悶不已嗎？
讓充滿療癒效果的三大神
奇植物來解救你的心靈吧！

- 食蟲植物：不斷進化求生
- 多肉植物：外型可愛多變
- 空氣鳳梨：無介質超神奇
種植新手、老手都想知道的
內容全收錄

木谷美咲◎著　定價 NT280